Nature et traditions en Porcien
Chaumont, Adon et autres lieux d'histoire

Tous les textes, images, photos, croquis ne peuvent être reproduits sans autorisation de l'éditeur. Toute reproduction sans autorisation constituerait un délit de contrefaçon sanctionné par les articles L335-2 et suivants du Code de la propriété intellectuelle

Table des matières

Nature et Traditions en Porcien ------- 1
    Chaumont, Adon et autres lieux d'histoire ------- 1

Chaumont et alentours ------- 10

Le bocage ------- 17
    Les paysages ------- 17
    Les Côtes, les Monts, les Fonds, les Fontaines ------- 21
    Les fraîchis et les pelouses ------- 25
    La faune du bocage ------- 28

L'habitat ------- 34
    Charpentes de chêne ------- 34
    Une maison paysanne traditionnelle ------- 38
    Le torchis ------- 40
    La vie des paysans ------- 44

Le cidre ------- 45
    La culture du pommier à cidre ------- 45
    La fabrication traditionnelle du cidre, évocation des pratiques du temps passé ------- 47
    La fermentation du moût, cidre en tonneau et cidre bouché ------- 51

Chaumont à la fin de l'empire romain, saint Berthauld, sainte Olive et sainte Libérette ------- 53
    La prédication ------- 53
    La légende ------- 57

Histoire ------- 61
    1er siècle avant JC ------- 62
    Epoque gallo-romaine 1er au 4ème siécle ------- 63
    Les Grandes Invasions 5ème siècle ------- 64
        Le Mont de Châtillon   70
    Epoque Mérovingienne 6ème au 8ème siècle ------- 72
        L'évangélisation par Berthauld 473-525   72
        Chaumont en Porcien   73
    Epoque Carolingienne 9ème 10ème siècle ------- 76
    Après l'an mille ------- 77
    Chronique des guerres civiles XIVème au XVIIème siècle ------- 78

- Guerre de Cent Ans ... 78
- Guerres de Religion ... 80
- Minorité de Louis XIV, Guerres de la Fronde ... 81

La Grande Révolution ... 83

XIXème siècle ... 85

Guerres et dévastations ... 86
- 1870-1871 - L'« année terrible » ... 86
- 1914-1918 - La « Grande Guerre » ... 88
- 1939-1945 - Deuxième guerre mondiale ... 97

Promenade cadastrale ... 104

ANNEXE 1 Le GR122 ... 108

ANNEXE 2 A voir aux alentours ... 110

ANNEXE 3 Epigramme d'Aubilly ... 112

ANNEXE 4 Glossaire local ... 112

ANNEXE 5 Saint Berthauld, sa vie, son oeuvre ... 129
- Tableau 1 Berthauld, le roi, la reine : ... 129
- Tableau 2 Dans le palais de l'évêque ... 131
- Tableau 3 Sur le Mont Chauve ... 134
- Tableau 4 Les premières conversions ... 136
- Tableau 5, la séparation d'Olive et Libérette ... 137
- Epilogue ... 139

ANNEXE 6 La poésie du bocage ... 140
- Nuit enneigée ... 140
- Destin de paysan ... 141
- Un chemin creux ... 142
  - Promenade dans le bocage ... 142

Postface ... 145

Figure 1 - Vue de Chaumont depuis le Siroty

Texte   Noël Pampagnin 1985-1986, 2004-2005, 2018

Croquis originaux   Michel Cornet 1985

Couverture   aquarelle de M. Lapostolle 1945, don de la famille Pierlot

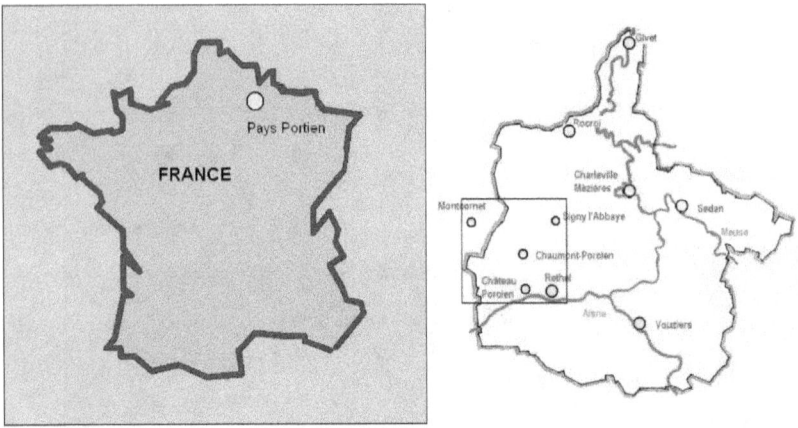

FIGURE 2 - SITUATION DU PAYS PORCIEN

AVANT-PROPOS

Pourquoi une réédition ? L'ouvrage paru en 2006 était une étude destinée à faire connaitre un canton délaissé, et par là même à l'écart des mouvements modernes. On pouvait le qualifier de « canton préservé ». Mais cet isolement a signifié aussi pauvreté, dépopulation et développement insuffisant.

L'étude mettait en avant que Berthauld n'était pas Ecossais, mais Irlandais et plus connu qu'on ne le pensait. Le hasard me fit tomber, un jour de promenade sur les quais de la Seine, sur le livre « L'étui de nacre » écrit par Anatole France. Comme j'appréciais cet auteur un peu oublié aujourd'hui, je feuilletai le livre, et fus stupéfait d'y trouver l'histoire de saint Berthauld, Olive et Libérette telle qu'elle est décrite plus loin dans ce livre. A ma connaissance, nul n'en savait rien à Chaumont. De même, nous ignorons comment Anatole France en avait eu écho.

On a dit aussi, que la partie historique éludait, ou passait trop vite sur plusieurs points d'histoire récents. C'est vrai, mais ce n'est pas une œuvre d'historien. Certains sujets évoqués, comme l'affaire Fréal et l'aventure des soldats déshabillés en 14-18 secourus par la population, mériteraient un livre entier et déséquilibreraient « Nature et Traditions ».

Cette édition, destinée à tout public, revue et augmentée, remplit quelques-uns des vides laissés par la précédente édition, supprime quelques longueurs, corrige plusieurs erreurs !...

Est ajouté aussi en annexe 5 le texte du Mystère « Saint Berthauld sa vie son œuvre ».

Enfin trois poèmes figurent en annexe 6, pour ceux qui aiment la poésie agreste, « Un chemin creux » qui est une ballade dans le bocage, « Destin de paysan » qui évoque la dure vie des éleveurs, et « Nuit enneigée » qui est pour la nuit ce que le texte en prose sur le bocage est pour le jour. Hommage à Verlaine et Rimbaud[1], on ne pouvait faire moins.

Aujourd'hui, le canton a été regroupé avec trois autres, Novion, Signy l'Abbaye, Rumigny, et investit dans les activités touristiques. Son adhésion à la Communauté de communes des « Crêtes préardennaises » lui donne les moyens de son développement.

Cet ouvrage contribuera donc à faire connaître une région oubliée, et sera un guide de découverte utile pour les touristes qui iront le visiter.

---

[1] Rimbaud est né à Charleville et y a vécu jusqu'à ses premières fugues.

Verlaine a enseigné deux ans l'Anglais à l'Institution Notre Dame à Rethel, et a exploité une ferme à Coulommes achetée pour son protégé Lucien Létinois.

Préface

Chacun sait que le département des Ardennes est l'un des plus beaux de France, et que le Canton de **Chaumont-Porcien** est à son image.

C'est pour ces raisons que l'auteur de ce Guide, un Parisien fils d'immigré italien, et d'une mère ardennaise, est tombé amoureux du Canton de Chaumont-Porcien dès son plus jeune âge, lors d'une convalescence chez sa grand-mère dans le village d'Adon (08) où il vient se ressourcer tous les week-ends.

Il nous invite à explorer dans ce magnifique ouvrage, l'histoire du Canton de **Chaumont-Porcien** de l'époque de saint-Berthauld au Vème siècle à nos jours.

Il évoque les trois grandes guerres, 1870 -1914 -1940, que notre Canton a subies mais aussi « l'affaire du Docteur Fréal ». Le Docteur Fréal, fusillé en 1917, était une personnalité locale : une place du village de **Chaumont-Porcien** porte d'ailleurs son nom.

Le lecteur, tournant ces pages avec plaisir peut découvrir également **le patrimoine, le torchis**, et ses pans de bois, typiques dans le Porcien.

On découvre le patois que l'auteur a pratiqué avec ses trois oncles, et enfin la boisson locale, **le cidre**, avec la méthode de fabrication.

Que de rencontres au cœur de ce document... Attaché à son terroir, heureux de partager ses passions, nous remercions vivement **Mr Pampagnin Noël** pour son œuvre.

G. Camus

Maire de Chaumont-Porcien

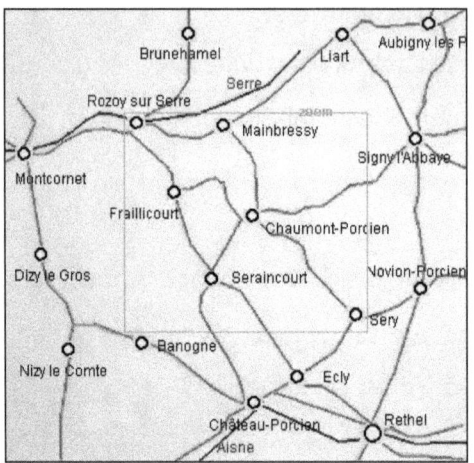

FIGURE 1A - ENVIRONNEMENT GEOGRAPHIQUE

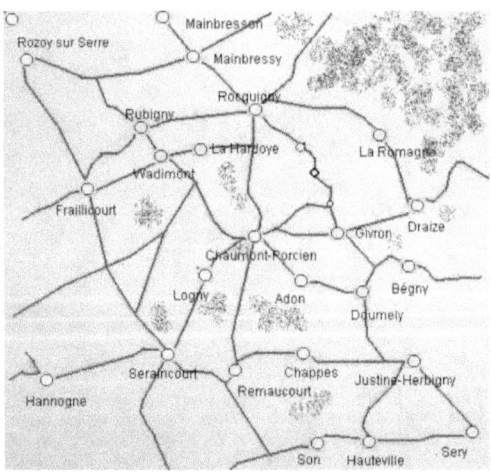

FIGURE 2A - ENVIRONNEMENT GEOGRAPHIQUE AGRANDI

Chaumont et alentours

Chaumont-Porcien est entouré de huit villages : Logny, Wadimont, La Hardoye, Rocquigny, Givron, Doumely-Begny, Chappes,.Remaucourt. On peut y ajouter Adon, commune indépendante jusque dans les années 60 et absorbée depuis par le chef-lieu de canton, quelques hameaux, Mauroy, Pagan, et quelques habitats isolés, le Luteau, le Bois Livoir, Sainte Libérette.

Situé à l'une des extrémités du Porcien actuel, Chaumont par la nature de son terroir se situe à la limite des terres crayeuses du Rethélois, domaine de l'agriculture céréalière, et des terres plus lourdes de Thiérache, pays de prairies, de bocages et d'élevage. Les villages de La Hardoye, Rocquigny appartiennent à la Thiérache, alors que Logny et Remaucourt sont à la limite du Rethélois. Adon et Chaumont sont en zone de transition.

Figure 3 – Adon

La région de Chaumont, à l'écart des axes de communication, a conservé un caractère particulier et quelquefois archaïque. Voici ce qu'en disait Jean Rogissart[1] en 1954, amoureux de sa région et observateur aigu des réalités ardennaises.

« C'est le bocage, une somme de petites exploitations familiales de trente à cinquante hectares, fermes herbagères et laitières, pays de petites parcelles, de clos à vaches ceints de haies touffues, de fils de fer, plantés en orée de noyers solitaires et vigoureux, d'arbres à noyaux, de pommiers alignés, mais vétustes, ruineux, encombrés de parasites végétaux, vierges de toute taille ou de la plus sommaire toilette, croulant néanmoins sous les fruits à cidre ou à couteaux et ruisselant d'oiseaux ».

Voilà pour le décor.

Puis il nous décrit l'état des villages, leur air de « vétusté et d'abandon ». Les habitations sont anciennes et mal entretenues « façades décrépies, torchis pailleux où les briques crues se découvrent comme des nudités de misère sous des haillons ». L'habitant a l'air pauvre et négligeant « Depuis un demi-siècle, depuis soixante-dix ans, la même tôle rouillée se ronge, obstruant le même trou du pignon, la même marche de pierre branlante envahie d'orties, le même volet aux ferrures disjointes pend obliquement à la fenêtre aux peintures écaillées ». Le progrès aurait-il oublié la région? « Il semble qu'on soit très loin, très en dehors du siècle ».

En 1980 l'auteur constate :

« Si certains traits du paysage rural ont changé, du fait des pratiques agricoles nouvelles et des remembrements, l'essentiel de la description de J. Rogissart reste vrai. Le pays garde un caractère vétuste, il faudrait presque dire dégradé. La même tôle rouillée obstrue toujours le même pignon, qui aujourd'hui s'effondre. L'exode rural s'est aggravé en raison de la concentration des exploitations agricoles et de la

---

[1] J. Rogissart Ardennes 1954

quasi disparition des ouvriers agricoles. Par ailleurs, l'industrie des villes de la périphérie du canton, Rozoy, Signy et Rethel, qui employait de la main d'œuvre locale, a souffert de la crise. Licenciements et fermetures d'usines ont provoqué des départs supplémentaires vers des régions plus favorisées ».

Qu'en est-il en 2018 ?

La situation a bien évolué en vingt ans. Les habitants du canton, qui donnaient l'air de s'endormir doucement « entre ses buttes boisées, Chaumont-Porcien se meurt lentement » écrivait J. Rogissart en 1954, laissant passer le train de la modernité, ont voulu participer aux changements du siècle. L'affaiblissement, voire la disparition de l'agriculture traditionnelle de subsistance, a contribué à l'évolution des mentalités. De nouvelles générations sont apparues, nourries de télévision, qui ont demandé à leurs élus autre chose que de conserver au moindre coût, et de dépenser pour investir.

On ne manque plus d'eau à Chaumont l'été. Les ordures ménagères sont enlevées et une déchetterie a été ouverte. Bien des maisons ont été réparées et repeintes de frais. Des fleurs égayent les fenêtres, les cours de ferme et les bords des routes. La butte de Saint Berthauld a été aménagée et un chemin de grande randonnée GR122 a été ouvert traversant le village, ainsi que d'autres sentiers de randonnée balisés autour de Chaumont et de Rocquigny. Les abords des lieux publics sont tondus régulièrement, et tous les chemins à l'intérieur du bourg, livrés encore dans la décennie 80 aux herbes folles et aux empiètements des riverains, sont maintenant rendus à la promenade.

Chaumont et sa région adhèrent aujourd'hui à la communauté de communes des « Crêtes Préardennaises », créée en 1986. Elle associe 93 communes rurales du centre du département des Ardennes. qui mettent en commun leurs moyens, afin de mener une véritable politique de développement local. on lui doit les aménagements de Saint Berthauld et, ceux de Sainte Olive. Le progrès est donc en marche, mais il reste encore beaucoup de handicaps à surmonter.

Le canton comptait en 1999 2626 habitants pour 174 km2, soit 15 habitants par km2[1]. En 1872, il comptait 8470 habitants, en 127 ans il a donc fondu de 69%. Entre les recensements de 1968 et de 1999, la population du canton est passée de 3735 habitants à 2626 en 1999, soit une baisse de près de 30% en 31 ans, continue sur la période, mais en voie de stabilisation :2592 habitants en 2012, soit 28 habitants de moins qu'en 1999 (1% de baisse)[2].

Ce sont les dernières données avant la disparition du canton.

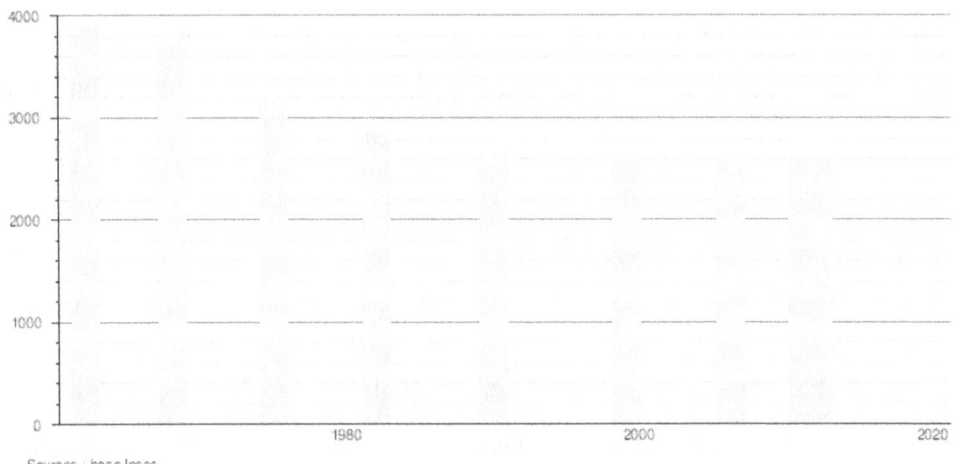

GRAPHIQUE 1 - EVOLUTION DE LA POPULATION DE 1962 A 2012

tableau INSEE recensements de la population

Il y a plus de décès que de naissances depuis 1975 ; en revanche le solde migratoire, qui était très négatif dans les années 70, ne cesse de se redresser pour devenir positif dans la décennie 90-99.

---

[1] INSEE   Recensement de la population

[2] Depuis le 1er janvier 2014, le canton de Chaumont-Porcien est fusionné avec celui de Novion-Porcien, de Signy l'Abbaye et de Rumigny

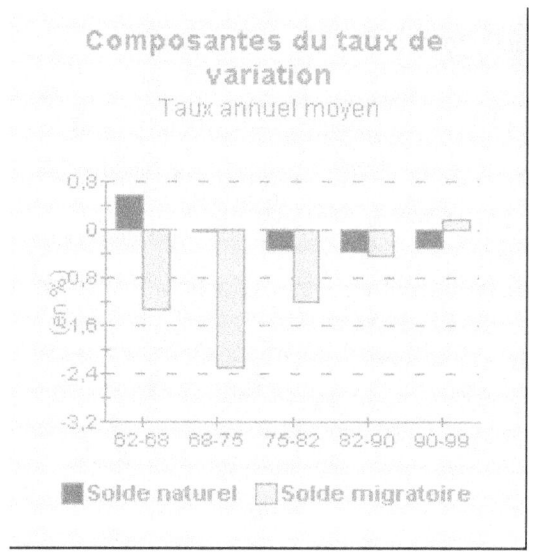

GRAPHIQUE 2 – COMPOSANTES DU TAUX DE VARIATION DE LA POPULATION

Tableau INSEE recensements de la population

L'activité économique est presque exclusivement agricole, avec seulement l'artisanat, les commerces et les services indispensables à la vie. La plupart des indicateurs traduisant le niveau de vie et la modernité, tels que le nombre de salles de bains, ou l'équipement en chauffage central sont parmi les plus bas du département. En 2006, les téléphones mobiles ne captaient aucun réseau, sauf à grimper sur les Côtes, la faible population et les accidents de terrain ne permettant pas de rentabiliser les investissements des opérateurs. On eut aussi des retards pour se raccorder à l'internet haut débit, Chaumont étant en zone non couverte[1].

---

[1] En 2012, le canton peut néanmoins faire état de l'installation d'équipements de télécommunications couvrant tout le territoire, pour le téléphone mobile et l'accès internet par ADSL. Ce projet a été financé par les collectivités locales pour environ un million d'euros.

L'accès mobile 3G+ est disponible depuis janvier 2012.

Chaumont, avec Novion à l'est et Château sur l'Aisne est un des trois centres qui délimitent aujourd'hui le Porcien.

Au Haut Moyen Age, ce « pays », pagus mérovingien, était plus étendu et allait de la Retourne à la Meuse. Le Porcien actuel est bordé au nord par la Thiérache ardennaise et la forêt de Signy l'Abbaye, le premier grand massif forestier du département en direction du plateau ardennais. A l'ouest, il touche au département de l'Aisne.

Le bocage
Les paysages

Les paysages que l'on peut observer aujourd'hui sont marqués par une opposition très nette entre la campagne rethéloise crayeuse et les croupes arrondies du bocage de la Thiérache. Ces deux zones sont séparées par une ligne de crêtes boisées, dont l'altitude varie de 180 à 240 mètres, depuis Sery, Chappes, Adon jusqu'à la butte de Saint-Berthauld, puis s'allongent vers Rocquigny, avec un point culminant sur les Côtes de La Hardoye. C'est la première ligne de crêtes observée dans les Ardennes.

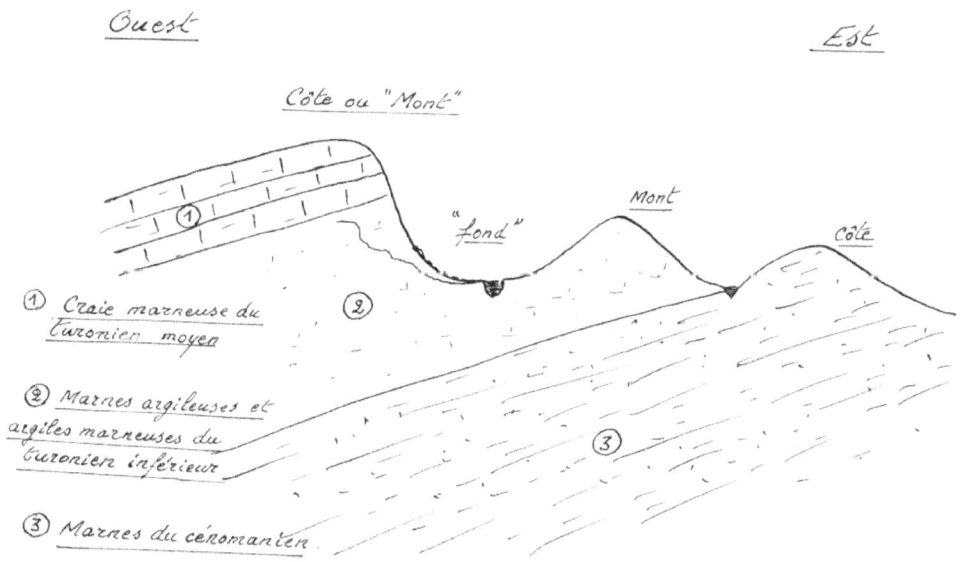

Croquis 1 - Coupe ouest-est montrant un profil de côte

Les craies du turonien sont souvent recouvertes de limons, qui sont des dépôts éoliens, dont l'épaisseur varie de 4 à 8 mètres. Ces limons sont propices à la grande culture céréalière et industrielle. Autrefois ces limons entraient dans la composition du « torchis », qui est un des matériaux de construction traditionnels des habitations.

Les paysages de la craie s'opposent aux paysages des sols argileux, à dominante bocagère et d'élevage. C'est le domaine de la prairie qui se développe sur les marnes argileuses.

Ces marnes sont des couches tendres, qui ont été remaniées par les ruisseaux, faisant apparaître toute une série de collines douces et de vallons caractéristiques, les « Monts », ou « Côtes » et les « Fonds ».

Figure 4 - Les fonds d'Adon et les Monts de Sery depuis Saint Berthauld

Le bocage est un paysage particulier à plusieurs régions françaises : la Normandie, la Bretagne et la Vendée à l'ouest, et la Thiérache qui s'étend sur une largeur de cinquante kilomètres entre Avesnes dans le nord et Liart dans les Ardennes.

Le bocage est caractérisé par des sols favorisant prairies et prés, ceux-ci étant clos par des haies. Dans la région de Chaumont, les paysages de bocage sont aussi remarquables par les nombreux pommiers qui permettent aux habitants de fabriquer du cidre et de l'eau-de-vie. Des bois et des bosquets, très fréquents, complètent un paysage varié, frais, vert et agréable.

L'hiver, l'humidité persiste. Les brouillards s'étirent longtemps sur le sol avant de se dissiper, laissant deviner les vieux pommiers à gui. La campagne est vide, solitude troublée seulement par les sifflements stridents des grives, et le croassement des corbeaux.

Certains matins glacés d'octobre à mai, le givre et la gelée blanche recouvrent les prés, quelquefois fondant aux premiers rayons du soleil, quelquefois persistant des jours durant. Par temps très clair, après qu'il ait neigé, le froid est plus vif. Dehors les bêtes « fument » et exhalent de la vapeur par tout leur corps. Sous le calme apparent, la vie se devine par les nuées qui sortent des cheminées, et par les sons qui résonnent et portent au loin, transportés dans l'air glacé.

A la fonte des neiges, les ruisseaux grossis s'étalent dans les fonds de vallée, gorgeant d'eau les pâtures et remplissant les fossés, retenant de façon naturelle ce qui, sans cela, irait directement à l'Aisne ou à l'Oise contribuer aux inondations.

Le bocage accueille une faune riche et diverse. En effet, les habitats y sont variés :

FIGURE 51 -LE BOCAGE DE LA VALLEE DE LA MALACQUISE VU DES COTES DE LA HARDOYE

haies, mares, prés, bois, bosquets peuplés chacun de faunes particulières. Les abris sont fréquents sur des terrains aussi couverts et permettent aux animaux de se cacher et de se reproduire. La destruction de ces abris signifie plus sûrement la disparition des espèces que les empoisonnements massifs auxquels l'homme se livre quelquefois.

Les différents habitats se touchent et s'interpénètrent, ce qui les enrichit mutuellement. Ainsi le bocage présente un grand intérêt pour l'amateur de la vie sauvage, assuré d'y trouver en toute saison une vie animale abondante et variée. Il tranche sur le désert écologique des grandes plaines aux vastes cultures uniformes, où seuls survivent les renards et les mulots.

Il faut cependant regretter qu'aux environs immédiats de Chaumont, en plusieurs endroits, un remembrement récent ait appauvri le bocage, pour permettre les cultures céréalières. L'amateur de la vie sauvage le regrettera…

Dans le bocage, l'habitat est souvent dispersé. Autour des villages sont éparpillés des hameaux et des fermes isolées, appelées encore « censes [1] » en parler local (Cense Boudsocq, Cense Brûlée, etc.). Mauroy, Pagan, la Place à lys, Sous-les-Faux sont des hameaux reliés par une petite route agréable, serpentant parmi les collines vertes entre Chaumont et Rocquigny.

Cette dernière commune compte un nombre considérable d'écarts, le plus élevé du département après Viel Saint Remi, depuis la ferme isolée jusqu'au hameau où vivent plusieurs familles, comme La Verrerie ou Sous-les-Faux.

Le mot « cense » est une survivance du Français médiéval. Le cens désignait la redevance fixe que le possesseur d'une terre payait au seigneur du fief ; la censive était la propriété concédée par le seigneur, moyennant le cens.

FIGURE 5 - INONDATION DU JARIN EN HIVER

Les Côtes, les Monts, les Fonds, les Fontaines

Dans le vocabulaire des gens de la région et dans la désignation des lieux-dits se retrouvent ces éléments de la géologie locale.

[1] FIGURE 6 - LA PLACE A LYS

Partout on trouve des « Fonds », qui signalent les zones fraîches et basses : Fond du Bois, Fond d'Adon, Fond de l'Etang, Fond de Mauroy...

Les « Côtes » correspondent aux collines molles du crétacé ou aux crêtes : Côte Godard, Côte Laby, Côte de Chappes, Côte des Vignes... On trouve également dans la toponymie de nombreux « monts » : Mont de Caillouet, Gros Mont, Autremont, Monts de Givron…

Les fontaines correspondent aux sources qui affleurent un peu partout sur le terroir : Neufontaine, Fontaine aux Trous, Fontaine des Converts (des Frères Converts de l'abbaye de Chaumont), Fontaine aux Reines (du latin Rana, grenouille), Fontaine aux Souris…

Les sources donnent naissance à de nombreux petits ruisseaux qui coulent vers l'Aisne : ruisseaux de Sainte Olive et de Sainte Libérette, Planchette, Rondiole, ruisseau de Jarin, ruisseau de Saint Fergeux, la Souris. La Planchette prend sa source au lieu-dit la Soque, aux anciens réservoirs d'eau potable de Chaumont, traverse la route de Givron, puis coule vers l'ancienne gare de chemin de fer d'Adon, à travers bois et pâtures. Elle se jette dans la Doumely, qui elle-même rejoint la Vaux puis l'Aisne.

A l'intérieur du village de Chaumont il y a plusieurs sources, et deux « bassins » où buvaient les animaux, l'un sur le chemin de La Hardoye, l'autre à Châtigny.

Le bassin de Châtigny n'est plus aujourd'hui utilisé. L'autre bassin est alimenté par une source, la Pichelotte, captée sur les Côtes de La Hardoye, et qui donne naissance au ruisseau de Moncey, qui s'écoule paisiblement de la place du village au nouveau C.E.G..

Notons encore la source du Pré Bernard, qui jaillit le long de la route de Rocquigny, juste en dessous d'une petite maison prête à fondre (aujourd'hui rénovée). Entourée par un abri cimenté, elle donne vie au ruisseau des Woyens, qui court vers Adon.

La nappe phréatique n'est pas profonde. Les puits qu'utilisaient autrefois les villageois ne dépassent jamais treize mètres à Chaumont. Dans la Grand Rue, la nappe affleure presque et sa profondeur oscille entre un et quatre mètres selon la saison. A Adon, en revanche, la nappe est au niveau du Jarin, et les puits des maisons du haut du village sont profonds de vingt à trente-cinq mètres.

« Aller à la fontaine » à Adon, signifiait « aller au lavoir », qui était situé en bas du village, au Woyen, alimenté par une source qui fut captée dans les années 1930 pour emplir les réservoirs de l'adduction d'eau. Il y avait deux bassins, un pour laver et un autre d'eau claire pour rincer. Les mousses s'évacuaient dans le Jarin par un fossé plein de joncs, d'iris et de renoncules, au milieu des grenouilles. Les hottes rembourrées de pailles dans lesquelles les laveuses s'agenouillaient pour leur besogne, s'alignaient, suspendues à la tombée du toit d'ardoises, avec les battoirs.

On tirait des lessiveuses les linges, qui étaient brossés, frottés et refrottés avec du savon de Marseille sur le bord de pierre du lavoir, puis jetés dans le bassin d'eau froide du rinçage où ils s'étalaient lentement. On les ramenait au bord avec un bâton. Il fallait se mettre à deux pour tordre les draps, et les essorer ; le liquide en excès chutait bruyamment sur les carreaux de brique rouge en éclaboussant. Les pieds étaient tout « cliffés[1] ».

Les femmes y descendaient le linge dans une brouette, et peinaient ensuite à remonter la côte. Il fut en usage jusque dans les années 1960, lorsque la machine à laver fit son apparition dans les foyers.

---

[1] Voir le glossaire en annexe

FIGURE 7 – LA HARDOYE

"C'est un trou de verdure où chante une rivière... "
Arthur Rimbaud « Le Dormeur du Val »

Les fraîchis et les pelouses

Deux associations végétales particulières méritent l'attention du promeneur : les « fraîchis » ou zones humides que l'on trouve dans les fonds, et les restes des pelouses calcicoles qui couvraient autrefois la Champagne pouilleuse et que l'on retrouve à l'état rélictuel en haut des côtes sur les terres incultes et crayeuses comme le Bois des indiens ou le Mont de Châtillon. La pelouse du Mont de Châtillon est particulièrement intéressante et une des dernières de cette sorte que l'on trouve vers le nord.

Les zones humides peuvent être boisées. Dans ce cas les espèces dominantes sont l'aulne et diverses espèces de saules. Quelquefois les hommes ont planté des peupliers. Le lieu-dit le Fond de l'Etang entre Adon et Chaumont en offre un bel exemple. Les zones en friches humides ou certaines parties de prés mouillés non pâturés sont les fraîchis. Dans l'eau qui persiste quelquefois jusqu'en été poussent les joncs, les laîches aux grandes tiges sèches, le colchique assassin, et les prêles (Fond de l'Etang, Fond du Bois…).

FIGURE 8 - COLCHIQUE D'AUTOMNE

Jadis, des oseraies bordaient les rives de la Malacquise à La Hardoye, dans les fonds mouillés. Les plus anciens se souviennent qu'on y « pelait l'osier », c'est-à-dire qu'après avoir récolté les pousses d'osier, on en ôtait l'écorce avec un instrument spécialisé, pour les mettre en bottes, qui étaient ensuite livrées aux vanniers.

FIGURE 9 - SAULES "TETARDS"

Le saule sert souvent de bois de chauffe. Il présente aussi l'avantage de produire facilement des rejets, si bien qu'on peut couper la tête de cet arbre à plusieurs reprises, sans le faire mourir. De là la forme des saules « têtards » qui longent les fossés.

Dans les pelouses calcicoles que l'on rencontre en haut des côtes incultes du terroir de Chaumont-Porcien poussent la centaurée jaune, le cornouiller sanguin, le thym, les polygales, et un grand nombre d'espèces d'orchidées. Ces associations sont particulièrement précieuses et remarquables pour le naturaliste.

Figure 10 – Orchis pourpre

Les nombreux bois, boqueteaux, et bosquets qui parsèment la campagne sont constitués essentiellement de charme, de chêne, de frêne, de bouleau et de plusieurs espèces d'érable. On rencontre aussi le merisier, et plus rarement l'orme, seul ou dans les haies. Le hêtre est peu fréquent. Les conifères sont plantés par l'homme ; la plupart sont des épicéas à croissance rapide.

Le frêne et l'érable, avec les épines, viennent naturellement et rapidement coloniser les espaces laissés en friche (« triots »). Par la suite, le chêne viendra s'installer, et la forêt reprendra naturellement sa place.

FIGURE 11 - FRENE

Ces arbres fournissaient les matériaux traditionnels aux artisans locaux : chêne pour le charpentier qui construisait les maisons à pans de bois. Chêne aussi pour l'ébéniste qui fabriquait des armoires massives, qui se transmettaient de génération en génération. On utilisait également des bois de « fruitier » pour façonner les meubles : noyer au bois rouge et veiné, ou merisier des forêts. Le frêne était transformé en manches d'outils, tandis que l'aulne servait au bardage des maisons.

On trouve également des arbres et arbustes plus modestes : houx, bourdaine, noisetier, sureau, et dans les haies naturelles d'épines, aubépines, prunelliers, et ronces donnant des mûres. Il faut aussi remarquer, dans les espaces forestiers non entretenus, la présence fréquente de clématites qui, avec le lierre, enserrent les fûts et les ramures de toutes parts.

Le promeneur pourra se rendre dans le bois communal de Saint-Berthauld, où un parcours botanique a été aménagé. A partir de la chapelle, vers le sud, suivre l'allée de hêtres rouges, puis redescendre vers la route, et prendre à gauche le chemin qui mène à l'aire de pique-nique

En profiter pour admirer le paysage de collines douces vers Adon, qui découvre les Monts de Sery dans le lointain.

La faune du bocage

La faune du bocage est particulièrement riche et diverse. Les premiers bois étendus en venant de Champagne se rencontrent au-delà de Remaucourt ou Chappes : Bois des Indiens, Bois Jacques, Docquigny, Bois de Chaumont, Fond de l'Etang, Gros Mont, Saint Berthauld... et bien d'autres qui s'égrènent vers le nord, rejoignant la grande forêt de Signy.

FIGURE 12 - CHEVREUIL

INRA

A Chaumont, dans les zones mixtes de bois et de culture vivent de nombreux chevreuils. Souvent, au crépuscule ou même en pleine journée ces bêtes se promènent par les pâtures, et s'enfuient à l'approche de l'homme, bondissant, en exhibant leur croupe blanche. Plus loin, après Rocquigny, dans les massifs bordant la forêt de Signy demeurent les cerfs et les biches.

FIGURE 13 – SANGLIER

Partout on rencontre le sanglier, animal si fréquent autrefois qu'il était devenu le symbole de l'Ardenne antique, puis du département. Une statue gauloise représente une déesse, la Diane ardennaise, chevauchant la bête noire. Des monnaies du premier siècle avant Jésus-Christ des peuples Rêmes et Trévires qui habitaient le département, le représentaient stylisé. Le sanglier était un animal magique symbolisant Teutatès, ou Toutatis bien connu des amateurs de bandes dessinées. Les sangliers voyagent beaucoup et font souvent des haltes dans la région, où ils commettent des dégâts dans les cultures de maïs et de pommes de terre.

Dans la campagne, on surprend quelquefois le matin à la fraîche ou au crépuscule les lapins et les lièvres. Au printemps, à la saison des amours, les lièvres mâles « bouquinent ». Ils se rassemblent, quelquefois à six ou sept, et s'affrontent pour gagner les faveurs d'une femelle.

Figure 14 – Renard roux en phase de mulotage

©Matthieu Godbout, GNU FDL Version 1.2

Le bocage cache également un grand nombre de carnassiers de tailles diverses : d'abord le renard toujours pourchassé, jamais anéanti. Ses facultés d'adaptation, la destruction de ses prédateurs naturels, le loup et le lynx, et l'abondance des mulots dont il se nourrit lui permettent de conserver des populations toujours abondantes.

Autre petit carnivore, le chat sauvage, ou chat forestier, que l'on rencontre occasionnellement se faufilant dans les hautes herbes. Son habitat n'est pas seulement la forêt, mais aussi les bosquets, les lisières, les friches (ou triots en dialecte). Sa tête large, son poil roux, et sa queue touffue lui donnent l'allure d'un petit fauve. Il appartient à une espèce différente du chat haret, ou chat domestique retourné à la vie sauvage.

Figure 15 – Fouine en hiver

© Bohus Cicel, GNU FDL Version 1.2

Les autres petits carnassiers de France peuvent tous être observés dans le bocage : belettes, hermines, putois, fouines, martres.

Ils vivent dans les bois et les bosquets de la campagne ou dans les villages, occupant les granges et bâtiments abandonnés, particulièrement les fouines, putois, belettes.

Figur00000e 16 – Blaireaux

Les blaireaux qui se nourrissent la nuit sont peu visibles. On remarque leurs présences par leurs terriers. Ils pèsent jusqu'à 20 kilos.

Lorsque l'hiver est venu et que la neige recouvre d'un blanc manteau le sol gelé, il est possible de suivre les traces des bêtes sauvages à la recherche de leur nourriture. Jadis, les piégeurs savaient fort bien repérer ces malheureuses bêtes et les capturaient à coup sûr pour leur peau. Il en était un réputé pour avoir capturé des loutres au bord de la Planchette dans les années 50.

Figure 17 - Mésange Charbonnière

Futura-sciences.com

Les oiseaux prolifèrent dans les bois et les haies. Les rapaces les plus fréquents sont les buses (ou « émouchets ») qui, aux beaux jours, se poursuivent en cercles en piaillant, les faucons, les chouettes. En été, on observe de nombreux passereaux, diverses espèces de mésanges telles que mésanges bleues et charbonnières, des bergeronnettes (ou « hoche-queues »), pouillots, bouvreuils, gros-becs, chardonnerets, rouge-queues, bruants, fauvettes, troglodytes. En hiver demeurent les mésanges, les rouge-gorges et les pinsons migrateurs, qui passent dans la région la mauvaise saison.

Dans les haies, et les bosquets vivent quantités de merles et plusieurs espèces de grives, surtout présentes l'hiver.

Dans les plaines, dès l'automne s'abattent des bandes de vanneaux et de corneilles venant de Russie pour passer chez nous la saison froide. D'autres demeurent et nichent à la cime des arbres (la coupette) dans les corbeautières.

A l'inverse, beaucoup d'oiseaux nous visitent l'été : loriots, geais (ou gérards), coucous (celui qui entend le premier chant du coucou avec une pièce en poche sera riche toute l'année), pies-grièches, martin-pêcheurs des bords des ruisseaux.

Les vergers abritent tout une population d'oiseaux : huppes si fières aux nids pestilentiels, pic verts moqueurs (ou « bêche-bois »), pies voleuses (ou agaces), et de redoutables bandes de sansonnets pilleurs de cerises.

Dans les plaines ouvertes on rencontre au hasard des promenades : perdrix grises au vol lourd, cailles qui répètent sans cesse « paye tes dettes, paye tes dettes », et alouettes aux trilles inlassables qui grimpent au ciel tout l'été.

Le soir, lorsque la nuit tombe, et que l'air est doux, virevoltent pendant des heures les chauves-souris au vol silencieux, venues d'on ne sait où. Elles passent au raz des maisons et des têtes, à la poursuite des insectes qui leur servent de nourritures. Les femmes craignent pour leurs cheveux, mais l'animal évite toujours les obstacles au dernier moment par un crochet inattendu.

Figure 18 – Pipistrelle

L'habitat
Charpentes de chêne

L'habitat du canton est globalement ancien. En 2006, 75% des résidences principales ont été achevées avant 1949[1], et un bon nombre date encore du 19ème siècle.

Les constructions du Porcien et de la Thiérache sont dites « à pan de bois ». Les maisons sont bâties sur une charpente de bois, faite de poutres et de poteaux, qui se croisent et se soutiennent entre eux.

Les maisons, les granges et les édifices publics comme la halle de Saint Jean aux Bois, ou l'ancienne école de Chaumont, aujourd'hui salle des fêtes, ou l'église de Montmeillant laissent apparaître les charpentes en chênes, poussés dans les bois alentour.

Les toits sont recouverts d'ardoises, extraites à Fumay ou Rimogne. Celles-ci ont remplacé le chaume au 18ème siècle. Mais la forme des toits a été conservée, avec des pans coupés en « nez de cochon ». Les soubassements sur lesquels sont montées les charpentes sont de briques cuites, faites avec l'argile du pays. Les bâtiments d'une ancienne briqueterie, qui produisait au 19ème siècle, sont encore visibles à Chaumont.

---

[1] INSEE Recensement de 1999

Figure 19 - La plus ancienne maison de Chaumont datant de 1760 restaurée par M. Bailly

La charpente des bâtiments était préparée à l'avance dans l'atelier du charpentier. Les poutres et potilles numérotées étaient apportées au chantier, puis assemblées et dressées sur le soubassement. Il suffisait alors, pour monter les murs, d'équiper les interstices entre les bois de palançons ou « paillots », et de combler les trous avec un mélange de terre et de pailles, appelé « torchis ». Les travaux sur le chantier étaient achevés en quelques mois. La tradition cite le cas d'une maison construite en une nuit par les Marhants d'Adon (sobriquet signifiant maraudeurs) avec du bois volé !

Ces constructions étaient facilement démontables et transportables. L'abri que nous appelons la « baraque à goutte » était primitivement placé au gué de Châtigny. Il fut une première fois démonté et replacé au ruisseau des Woyens, en bas de la rue de Grains, où il servait à l'alambic. Il fut encore déplacé dans les années 80, et se trouve actuellement sur la butte de Saint Berthauld, à l'emplacement de l'ancienne église, où il sert d'abri pour les pique-niques.

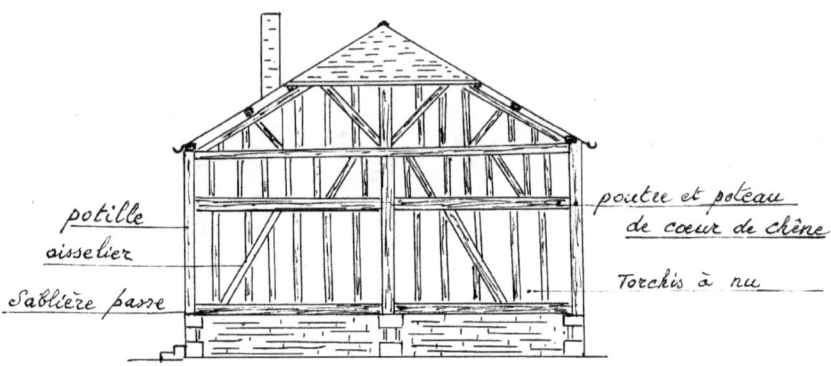

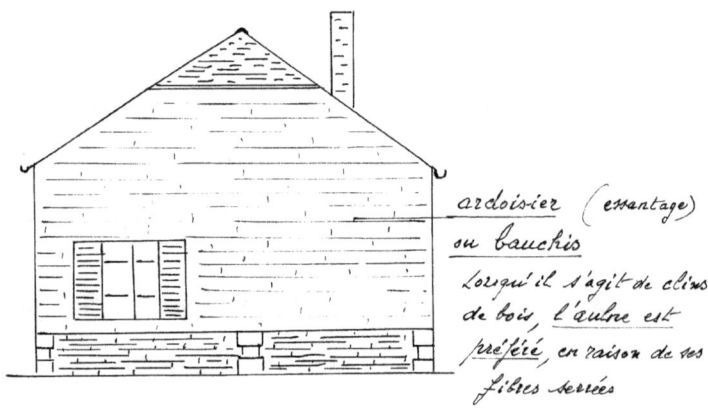

Croquis 2 – Constructions du Porcien

Le Porcien n'a pas de pierre, mais en revanche est riche en chênes. C'est la raison pour laquelle la très ancienne technique de construction en bois et torchis s'est maintenue jusqu'au début du 20ème siècle.

Les Gaulois, ainsi que l'atteste l'archéologie, bâtissaient déjà des maisons à charpentes de bois, quelquefois de dimensions importantes. Mais la plupart vivaient dans des cabanes de bois et torchis à moitié enterrées. Et on pourrait ainsi remonter jusqu'au néolithique, tant le bois et la terre ont toujours procuré des abris aux hommes du nord.

La maison traditionnelle abrite quelquefois dans un même volume la grange, l'écurie ou l'étable, le grenier et l'habitation. Plus souvent, la grange est séparée de l'habitation principale, plus imposante par ses dimensions que le foyer des hommes. On les remarque en quantité dans le pays, pour la plupart, hélas, fort dégradées. Quelques-unes ont le toit crevé, d'autres sont dénudées de leur torchis, d'autres enfin penchent dangereusement vers les routes et les chemins sur lesquels elles risquent de s'abattre.

Ces constructions présentent l'avantage de travailler avec le sol, qui est instable au pied des côtes car les couches superficielles sur lesquelles sont bâties les maisons glissent sur l'argile du sous-sol. Malgré l'apparence, avec un peu d'entretien, ces bâtiments sont très solides. Certaines maisons des villages du Porcien ont deux ou trois cents ans. Il est vrai que le canton, à l'écart des grands axes de circulation, échappa pour l'essentiel aux nombreuses dévastations guerrières du 20ème siècle.

Figure 20 - Halle de Saint Jean aux Bois

Une maison paysanne traditionnelle

La maison est généralement exposée au sud, sud-est ou sud-ouest, façade au soleil. La forme est rectangulaire. Au dessous, la cave où l'on garde le cidre bouché ou en tonneau. Puis sur un soubassement de maçonnerie en briques, une solide charpente en chêne supportant le toit d'ardoises.

Au sol, on compte souvent deux pièces avec des annexes, quelquefois séparées par un « corridor » : une cuisine, une chambre. Les annexes peuvent être un « cabinet » et un « glacier » ou cellier. Au fond du corridor, monte l'escalier du grenier.

La cuisine est la pièce la plus importante de toute la maison. C'est là que vit la famille dans la journée, car il n'y a pas d'autre pièce disponible. Les enfants y jouent lorsque le temps empêche les sorties. On y prend bien sûr les repas, autour de la grande table rectangulaire, assis sur un banc ou une chaise de bois. La cuisinière, fondue dans la vallée de la Meuse ou en Thiérache, sert à cuire les plats mijotés, fricassées de canard ou de coq, et soupes au cochon ou à l'oseille. Dans le four cuit la galette au levain, sur laquelle la paysanne a étendu des pommes, des prunes ou des poires, ou encore un peu de beurre et du sucre. Au plafond, sur de forts bâtons soutenus par des crochets, pendent les jambons salés du cochon, élevé à la ferme, et tué dans l'année.

L'eau arrive sur l'évier de pierre, le glacier, de l'adduction ou de la pompe installée sur le puits ; elle est évacuée directement dans la cour, par la rigole et le fossé.

La cuisine sert aussi à la veillée. Les femmes travaillent à leurs ouvrages, tricots ou crochets, à la lumière d'une ampoule électrique descendue à hauteur des visages. Un système de contrepoids permet de régler la position de la lampe. L'abat-jour de porcelaine, en forme de chapeau chinois avec des bords dentelés diffuse la lumière pâle.

Sur le côté nord, deux petites pièces annexes occupent l'espace restant : le « cabinet » et le « glacier ». Le cabinet est une petite chambre, étroite, qui permet à une personne de tourner avec précaution autour du lit à rouleau de 110 et de l'armoire en chêne, ou en noyer. C'est la pièce que l'on n'occupe pas, ou exceptionnellement, c'est plutôt la chambre de l'hôte.

Le glacier enfin est la pièce qui contient l'évier de pierre. Il sert de cellier pour entreposer les bouteilles et le saloir, ou encore sert de débarras . Le sol est de terre battue, alors que les autres pièces sont pavées de carreaux de brique rouge de fabrication locale.

Un escalier de bois en colimaçon monte au grenier, dans lequel on entrepose le foin, chargé et déchargé par une seule ouverture rectangulaire, la « baunette ». Dans un coin il y a souvent un pigeonnier, dont les deux trous ouvrent juste sous le toit. Et ailleurs, un peu partout tous les objets vieillots dont on ne sait plus que faire.

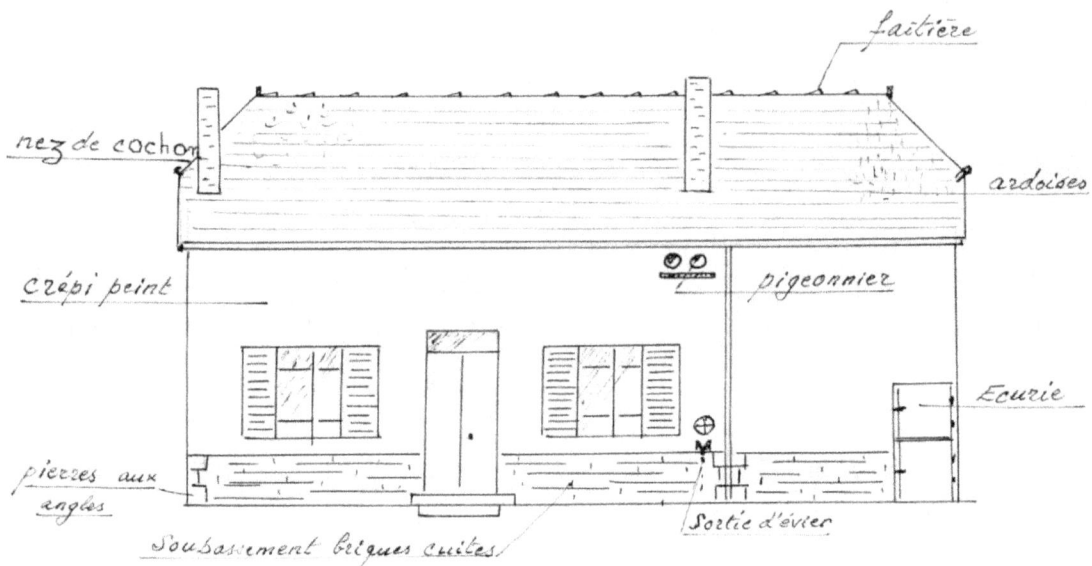

Croquis 2a - Façade de maison traditionnelle

Le torchis

On utilise à Chaumont des terres légères appelées limon, un peu d'argile et d'eau. Ce béton est renforcé par une armature d'herbes sèches et de paille, qui stabilise l'ensemble. Avec le foin trempé dans le torchis, on réalise des toupies dont on entoure les palançons. Le torchis est ensuite lissé des deux côtés à la taloche. C'est une tâche rapide et facile que chacun peut faire.

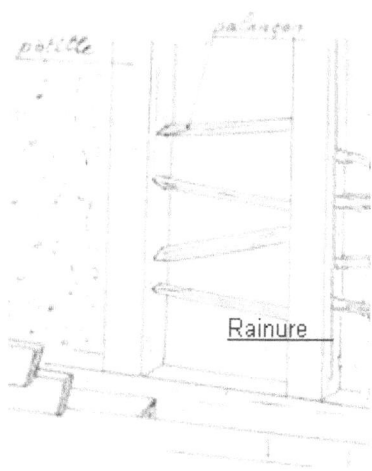

Croquis 3 - Détail de mur avec potilles et palançons

On applique directement le torchis façonné en toupies sur les palançons, encore appelés « paillots ». Un bout des paillots est coupé en pointe et calé dans un trou de la potille. L'autre bout est taillé en biseau et ajusté dans la rainure de la potille opposée. L'ensemble est souple et peut travailler avec la charpente.

-CROQUIS 4 - MUR DE TORCHIS

Éléments d'un mur extérieur d'une maison du Porcien

Le torchis est appliqué lorsque la charpente et le toit sont achevés. Il peut ainsi sécher à l'abri, ce qui facilite sa conservation ultérieure. Le torchis présentait bien des avantages pour nos ancêtres :

Il ne coûtait pas cher. Ses constituants étaient locaux, argile, limon, foin. Il était facile à préparer et à appliquer ; il fallait peu de temps pour maçonner les murs

Il a des propriétés physiques indéniablement utiles[1] :

- ⇨ C'est un matériau léger qui ne pèse pas sur les charpentes en bois des bâtiments, comme le font aujourd'hui les briques pleines et les parpaings.
- ⇨ Il n'empêche pas les pans de bois de respirer. Les charpentes ne risquent pas de pourrir, comme c'est le cas avec le ciment plaqué sur le bois.
- ⇨ C'est un excellent isolant thermique. Les habitations ne sont ni trop froides l'hiver, ni trop chaudes l'été.

Il avait aussi quelques inconvénients qui expliquent son abandon pour les constructions neuves (en revanche on y a toujours recours pour les réfections) :

Il requiert une couverture de protection s'il est exposé à la pluie à l'ouest, soit un crépi, soit un bardage de planches de bois ou d'ardoises, ce qui en augmente le coût.

Il n'a pas de résistance mécanique, et peut être traversé facilement par les outils en fer. Plus gênant, il peut être attaqué par les commensaux de l'homme, rats et souris, ce qui rend indispensable la protection extérieure des habitations par un crépi solide.

---

[1] La revue du C.A.U.E. N°4 Spécial Thiérache dossier pratique « le torchis » Charleville 1982

Le crépi traditionnel était à base de chaux et de crins de cheval (ou de vache) pour renforcer la cohésion. Souvent teinté de couleur claire, il était appliqué sur les façades après la pose d'un treillage ou d'un lattis de planchettes. Si on choisit la protection d'un mur par bardage, ou bauchage, on cloue des planches d'aulne bien serrées sur des solins appliqués sur la structure de chêne. Si on opte pour l'ardoise, on couvre totalement

le mur par un « ardoisier » ou « essentage » fixé sur voliges. Le côté à l'abri de la pluie n'a nul besoin de couverture, comme le promeneur pourra le constater aux pignons des granges en traversant les villages.

Le torchis peut être conservé très longtemps avec un entretien minimum. Certains torchis datent du 18ème siècle. Son ennemi est l'eau, de pluie ou d'infiltration. Abandonnée seulement pendant quelques années, une maison perd rapidement quelques ardoises du toit, emportées par les tempêtes d'hiver. Le vent qui s'engouffre par l'ouverture en arrache bientôt beaucoup d'autres. L'eau pénètre à l'intérieur et pourrit les poutres de la charpente. Peu à peu elle s'affaisse par place, puis, la pourriture s'étendant, s'effondre. Le tout n'aura pas duré vingt ans. Beaucoup de granges et d'habitations sont dans un état de dégradation avancée. Il n'est pas sûr qu'elles bénéficieront un jour de l'entretien minimum qui pourrait les conserver.

FIGURE 21 - BATIMENTS A PANS DE BOIS

La vie des paysans

Etait encore très rude dans les années 60 où tout le travail se faisait à la main, avec la seule aide des chevaux de trait ardennais. Cette race était réputée pour sa très grande endurance. En juin on fanait par les chaleurs[1], en juillet par la canicule on moissonnait, en septembre on fauchait le regain, puis on labourait, hersait, semait… Tout à laforce des bras… pour monter les gerbes jusqu'aux faîtes des granges. Les chevaux tiraient les équipages. : faucheuse, faneuse, râteau, lieuse, chariot, charrue brabant, herse…. On semait à la main à la volée… on battait l'hiver …et on vivait en autarcie…

Voir Destin de paysan

---

[1] Madame de Sévigné écrivait à son cousin de Coulanges : « Savez-vous ce que c'est que faner ? » « faner est la plus jolie chose du monde, C'est retourner du foin en batifolant dans une prairie ». Négation des réalités. Par temps chaud et même caniculaire, par obligation, le ou la paysanne « marnait » plutôt (voir ce terme dans le glossaire) sous l'effort physique.

Constant Le Breton peintre réaliste   lesardennaisbelges.org

Le cidre
La culture du pommier à cidre

Elle est attestée de façon sûre dans la zone centrale des Ardennes depuis 1750.

FIGURE 22 - POMMIER A CIDRE

En 1770 le domaine de Mesmont fournit 130 pièces de cidre. En 1773 au Chesnois, on trouve la vente de pièces de cidre pour 11 livres ; en 1788-1789, les pépinières royales de Rethel vendent de jeunes plants[1].

---

[1] J. Lambert P. Chagot Le cidre dans les Ardennes Terres Ardennaises N°1 P. 35-40

La culture du pommier à cidre serait venue de Thiérache, apportée dans les bagages des bûcherons émigrés de Normandie. Le pommier réussit particulièrement bien dans la zone des Crêtes Préardennaises. En effet, le climat lui est favorable, car le pommier requiert une humidité atmosphérique soutenue et des températures modérées en été. De plus, la nature à dominante argileuse des sols lui convient tout-à-fait.

D'après les statistiques agricoles de 1929, la culture du pommier était de première importance à Chaumont, avec 24000 arbres recensés. A cette époque, la production était supérieure à la consommation locale, et l'excédent exporté dans les villes, en particulier Reims.

Le cidre servait encore à un autre usage. Sa distillation fournit une eau-de-vie âcre fort appréciée des producteurs. Au début du 20ème siècle, certains travailleurs ne partaient pas aux champs sans avoir empli au tonneau d'eau-de-vie leur fiole d'un quart-de-litre pour « donner des forces ».

Les anciens bouilleurs de cru étaient autorisés à distiller en exonération de taxes 1000° d'alcool, pour leur consommation annuelle. Cette quantité est facilement obtenue par la distillation d'une pièce de 200 litres de cidre à 5° d'alcool, ce qui est généralement dépassé par les cidres de pur jus locaux. Le producteur obtient alors 20 litres d'eau-de-vie à 50°.

Les pommiers étaient communément plantés dans les prés et les pâtures, en plein champ, ce qui ajoutait un supplément de ressource aux petites exploitations. On trouve encore un grand nombre de ces arbres dans la campagne du Porcien, malheureusement souvent vieillissants, couverts de gui, et sans entretien. Sur le terroir de Chaumont, beaucoup de ces pommiers ont été arrachés au début des années 80, suite aux opérations de remembrement.

Aujourd'hui le cidre est une boisson toujours appréciée des habitants de Chaumont. Les amateurs ont constitué de nouveaux plants dans le village ou dans la zone proche, ce qui donne aux maisons un écrin de fleurs roses superbe en mai quand les arbres fleurissent, et en automne, des fruits en abondance et leurs senteurs mouillées

La fabrication traditionnelle du cidre, évocation des pratiques du temps passé

Les pommes sont ramassées sous les arbres en octobre et novembre. On attend que les fruits soient tombés naturellement, et on « hosse » (secoue) les arbres pour finir. Il est dangereux d'utiliser la gaule, car on compromet la future récolte en cassant les yeux et les dards, et on blesse inutilement les pommes. Celles-ci risqueraient alors de pourrir rapidement.

Les pommes destinées au cidre sont de variétés différentes. Le cidre nécessite un mélange de doux, d'amer et d'acide. Le doux est le sucre qui va donner l'alcool. L'amer est le tanin qui permet une meilleure conservation du cidre. L'acide est le piquant qui étanche la soif. Le cidre est donc le résultat d'un mélange subtil. Chaque producteur a sa formule, qui donne une saveur particulière à sa boisson. Malgré tout, il est recommandé par les auteurs traitant du sujet de respecter la proportion suivante : 5/10ème de pommes amères, 4/10èmes de pommes douces, 1/10ème de pommes acides.

La fabrication du cidre commence en novembre ou décembre, quelquefois même en janvier. On attend que la gelée ait passé sur les pommes restées en tas à l'extérieur mais sous abri. Ceci a pour effet de ramollir les tissus, ce qui permettra un broyage plus facile, et d'adoucir les fruits. Cependant il ne faut pas trop attendre, car la gelée accélère le pourrissement des pommes.

L'élaboration du cidre est un travail long et délicat. Il est nécessaire de disposer de plusieurs matériels et installations : un pressoir, un moulin à piler (broyeur), des baquets, des tonneaux, des bouteilles et une bonne cave pour le travail et la conservation du cidre.

FIGURE 23 - LE PRESSOIR

Le pressoir traditionnel est constitué d'une vis sans fin et d'une table de madriers de chêne bien équarris. Avant l'usage, il faut faire « renfler la table » avec de l'eau, vérifier qu'il n'y a pas de fuite entre les bois, et, s'il y en a, les boucher avec du mastic. Sur la vis sans fin est assujettie la « mécanique » ou « truie », actionnée par un long levier. La pression est transmise aux pulpes par une série de bois (ou « ablots ») en cascade, finissant par appuyer sur un couvercle aux dimensions de la cage, posé directement sur les pulpes.

Les pommes sont d'abord broyées dans un moulin à piler actionné par une manivelle ou un moteur. Les pommes écrasées sortent sous forme de pulpes qui vont permettre de confectionner la motte sur le pressoir. Sur un lit de paille, à l'intérieur de la cage en bois, on étale les pulpes sur une épaisseur de 15 à 20 centimètres. Puis on ajoute un nouveau lit de longues pailles, ce qui permettra lors du pressage de mieux drainer la motte. On arrange ainsi sept ou huit lits successifs. Lorsque la cage est pleine, on pose le couvercle puis les ablots. Le seul poids des pulpes et des bois donne un premier jus. Le liquide rouge orangé coule abondamment par la goulotte du pressoir et tombe dans le baquet. Très frais, très sucré, très parfumé, c'est un délice à boire.

Enfin le dernier bois est posé juste sous la mécanique. On peut alors commencer à presser en actionnant le levier qui fait descendre la mécanique le long de la vis sans fin en faisant cliquer les couteaux qui assurent le blocage. On serre par intermittence;

il faut attendre que le jus des pommes ait été exprimé de la motte avant de procéder à un nouveau tour de vis. Chaque fois on récolte le précieux liquide et on le porte dans les tonneaux à la cave. La presse d'une motte dure une journée si on veut en tirer l'essentiel.

Certains, en fin de serrage, relèvent les bois, desserrent et ajoutent un ou deux seaux d'eau sur les pulpes, puis reprennent le travail. Ceci permet d'obtenir un moût moins sucré qui donnera un cidre de moins bonne qualité, à consommer rapidement, le « retaille ».

D'autres, après avoir desserré, retaillent simplement la motte à la bêche, pour libérer le jus du cœur de la motte, qui ne peut s'écouler malgré la pression de la mécanique.

Selon la dimension du pressoir, une motte peut produire de 100 à 500 litres de jus. En fin de presse, la cage est enlevée et les déchets de pommes, marc ou « aînes », sont donnés aux vaches qui en sont très friandes.

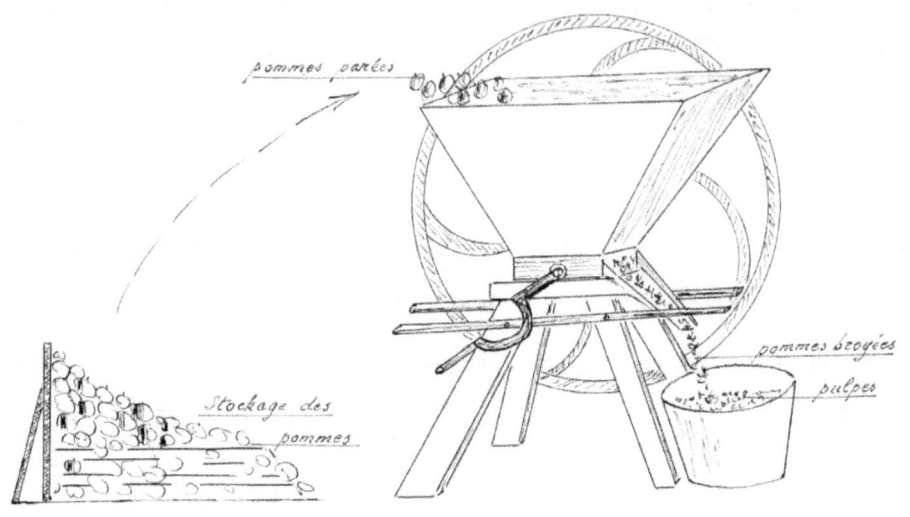

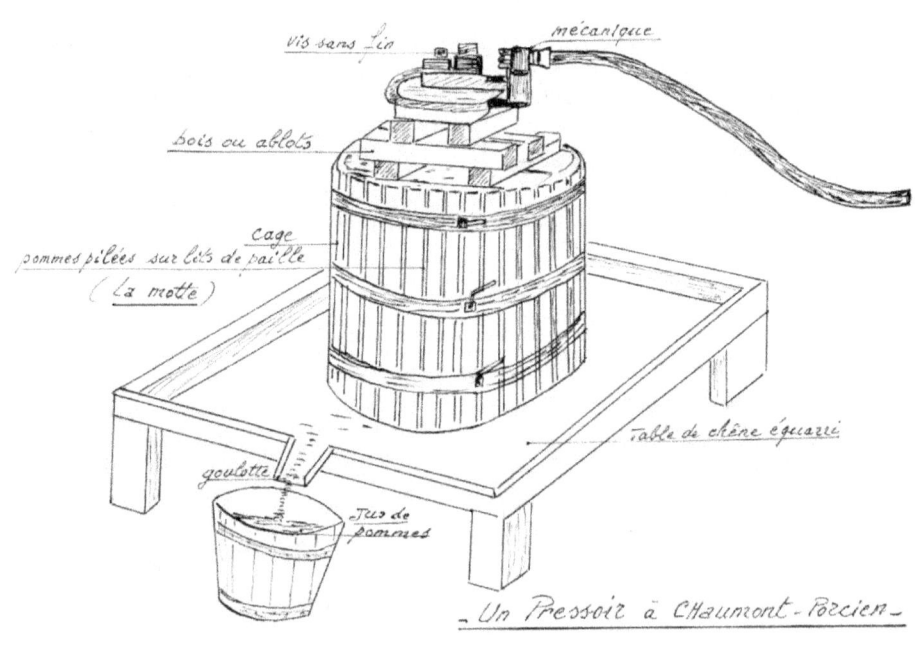

Croquis 5 - Les matériels pour le cidre

La fermentation du moût, cidre en tonneau et cidre bouché

Le moût est mis à fermenter dans des tonneaux : feuillettes petits tonneaux de 110 litres, ou pièces tonneaux de 220 litres. Ceux-ci ont été préalablement lavés et désinfectés à la soude et à la mèche de soufre, pour détruire les microorganismes et champignons qui pourraient, par la suite, gâter le cidre.

La fermentation débute aussitôt. Les levures transforment le sucre en alcool et dégagent du gaz carbonique. Au bout de quelques jours, le moût « bout », c'est-à-dire que par la bonde du tonneau sort la mousse de jus et de déchets de pommes, le « chapeau ». Le moût peut bouillir plusieurs semaines. Pendant ce temps, du liquide disparaît, qui doit être remplacé.

Enfin la fermentation diminue d'intensité. On peut alors soutirer le cidre pour l'éclaircir, le mettre dans un autre tonneau et le boucher pour consommer en été. On peut aussi surveiller la teneur en sucre avec un densimètre pour choisir le moment opportun de le mettre en bouteilles. Ce sera le cidre bouché qui se conserve au moins un an, qui pétille comme du champagne, et est bien plus savoureux que le cidre en tonneau. En effet, si celui-ci est agréable lorsqu'on ouvre le tonneau, il s'oxyde rapidement à l'air et devient âcre, et même quelquefois quand il s'agit de fonds de tonneaux « sûr comme de l'ours ».

Quelquefois le producteur ne dispose pas de densimètre. Une recette non garantie aide le fabriquant démuni : mettre le cidre en bouteilles en lune descendante, sinon les bouteilles explosent sous la pression du gaz carbonique. Il faut de toute façon utiliser des bouteilles champenoises, au verre épais et résistant.

Le pétillement du cidre bouché est dû, comme pour le champagne, à la fermentation du sucre non encore transformé en alcool dans la bouteille. Il est donc indispensable de ne pas mettre en bouteilles du cidre trop sucré.

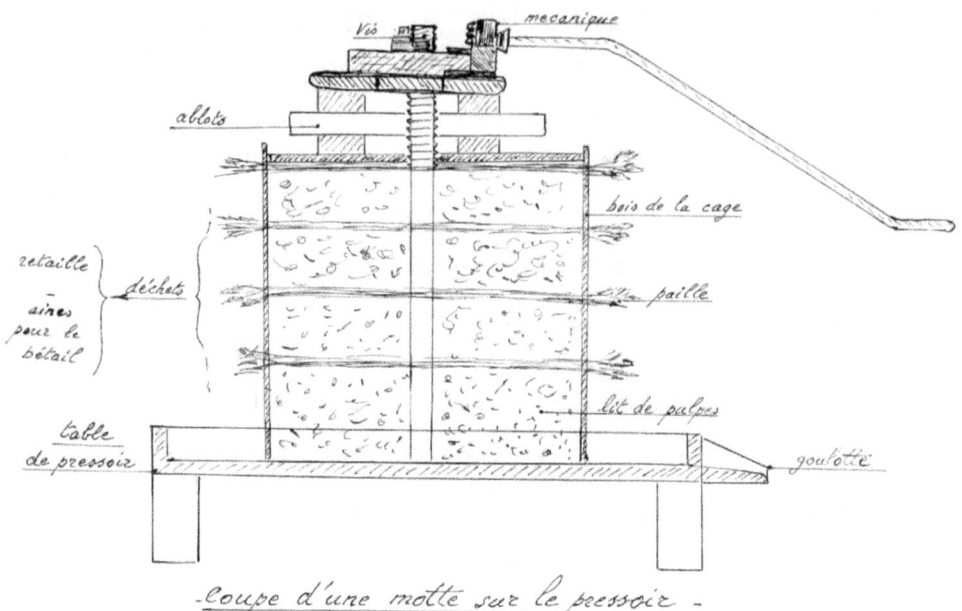

- coupe d'une motte sur le pressoir -

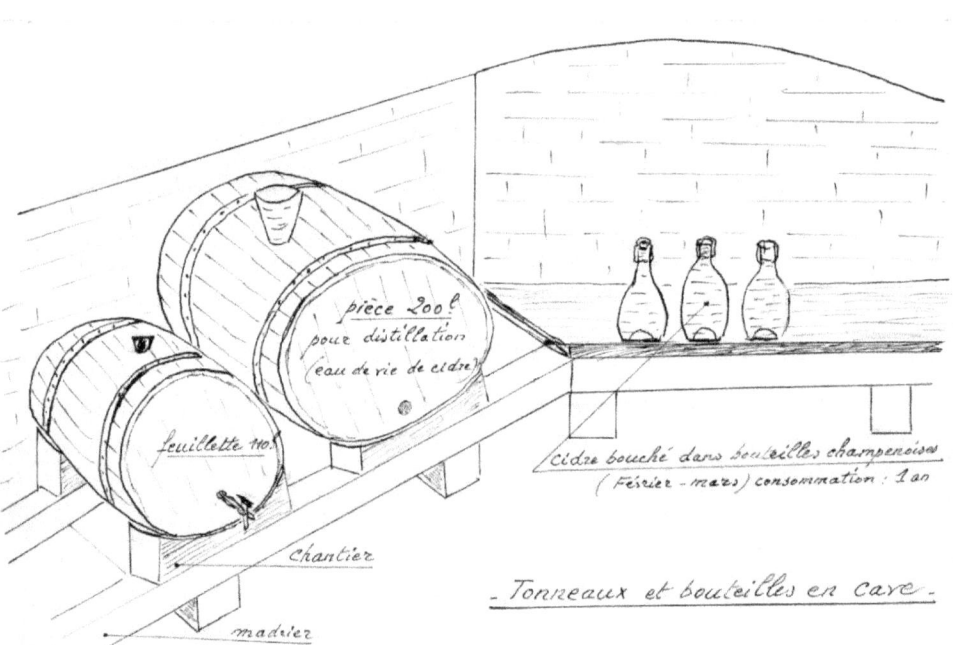

- Tonneaux et bouteilles en cave -

Croquis 6 - La motte et la cave

Chaumont à la fin de l'empire romain, saint Berthauld, sainte Olive et sainte Libérette

Figure 24 - Chapelle de Saint Berthauld

La prédication

Après les invasions barbares, les habitants de la région pratiquaient des cultes païens. Ils adoraient les sources, les arbres, les éléments naturels. Chaumont était alors un lieu peu accessible, à l'intérieur de la grande forêt ardennaise, qui descendait, nous dit César[1], jusqu'aux rives de l'Aisne au pays des Rèmes.

L'évangélisation de ces populations isolées fut l'occasion de belles vocations missionnaires. Chacun connaît dans les Ardennes la destruction de la statue de la Diane ardennaise à Carignan par le diacre lombard .Walfroy, contée par Grégoire de Tours[2]. Cet épisode se situe vers l'an 585.

L'évangélisation du Porcien par Berthauld est antérieure d'un siècle et montre bien avec quelle difficulté le Christianisme pénétra en Ardenne. L'histoire de la conversion du Porcien nous est contée par le cartulaire de l'abbaye de Chaumont, fondée en 1078 et détruite pendant la Révolution.

Par ailleurs cette même histoire a été contée par Anatole France dans son recueil de nouvelles « l'Etui de Nacre »[3] sous le titre « la légende des saintes Oliverie et Libérette ». Dans un style archaïsant et sophistiqué, le vieil écrivain retrace la vie et l'œuvre missionnaire de Berthauld et de ses deux disciples Olive et Libérette. Il ajoute à la narration du cartulaire, que nous transcrivons ci-dessous, les éléments imaginaires qui font tout le charme de la légende.

FIGURE 25 - SCEAU DE L'ABBAYE

Saint Berthauld était fils de Théodule, roi d'Ecosse, et de sa femme Berthe. Par Ecosse, Scottia en Latin, il

---

[1] César Commentaires sur la guerre des Gaules

[2] Grégoire de Tours Histoire des Francs

[3] A. France L'Etui de Nacre, Paris 1923

faut entendre le pays des Scots, c'est-à-dire originellement le nord-est de l'Irlande actuelle, l'île des Saints. A partir du Vème siècle les Scots établirent des colonies dans le sud-ouest de l'Ecosse actuelle (appelée alors la Calédonie) où ils finirent par fusionner avec les indigènes Pictes[1] au IXème siècle pour former le royaume d'Ecosse. Saint Colomban lui-même, le plus connu de ces missionnaires, évangélisateur des Germains et fondateur de monastères, était un Scot d'Irlande. La traduction de Scottia par Ecosse est donc impropre et anachronique, il faut lire « le Pays des Scots ». Voici ce que nous transmet le cartulaire de l'abbaye (d'après A. Meyrac).

Berthauld trouve sa voie

« Berthauld était né pour la vertu car, ayant visité, dans la dix-septième année de son âge, les Saints Lieux de Jérusalem, il prit, quelque temps après, la résolution de quitter son pays et de fouler au pied les couronnes et les sceptres pour embrasser une vie pauvre et solitaire : ce qu'il exécuta généreusement. Il sortit donc de la cour de son père, accompagné seulement d'un fidèle ami, nommé Amand. Et comme ils étaient incertains du chemin qu'ils devaient prendre, Dieu leur envoya un lion pour leur servir de guide. Ils le suivirent et, après un long et pénible voyage, arrivèrent à la ville de Château-en Porcien. Ensuite, ayant poursuivi leur chemin, ils arrivèrent à la montagne de Chaumont, lieu désert et affreux que Dieu leur avait destiné comme demeure. Ce lieu de Chaumont s'appelle en Latin calvus mons, à cause qu'il n'y avait pas de bois sur cette montagne, tout le pays en étant rempli. saint Berthauld vécut très saintement sur cette montagne, accompagné de son cher Amand et de plusieurs autres disciples qu'il avait attirés par l'éclat de ses vertus et de sa vie exemplaire. »

Berthauld convertit ses premiers disciples :

---

[1] Peuplade indigène de Calédonie, évangélisée à partir du VIème siècle par les Scots

« Deux saintes filles nommées Olive et Libérette furent du nombre. Elles étaient natives du village de Hauteville à deux lieues de Chaumont. Elles considéraient saint Berthauld comme leur père spirituel, et pour être plus à portée de recevoir ses leçons, elles se bâtirent chacune une petite cellule séparée, dans le bois, à un quart de lieue de Chaumont, auprès desquelles cellules il y avait deux fontaines qui retiennent encore aujourd'hui leur nom. Les habitants du pays viennent par dévotion puiser de l'eau de ces fontaines qui est « salutaire pour les fébricitants ».

FIGURE 26 - SAINTE OLIVE ET SAINTE LIBERETTE

Au début, les gens n'acceptent pas la présence de l'apôtre :

Cependant les habitants du pays, tourmentés par les mauvais esprits et affligés par une grande quantité d'insectes de toutes espèces, attribuaient toutes ces calamités à ces saints hommes, et prirent la résolution de les chasser.

Mais Berthauld fait des miracles :

« Mais voyant saint Berthauld faire tous les jours des miracles en ressuscitant des morts et guérissant les furieux et les fous, chassant et purgeant le pays de ces insectes, ils commencèrent à revenir de leurs préjugés et à avoir pour lui et pour les siens une grande vénération, et à les regarder comme leurs dieux tutélaires. »

Berthauld est ordonné prêtre

« En ce temps là florissait saint Remi, archevêque de Reims. Saint Berthauld, ayant entendu parler de la sainteté de ce grand archevêque, alla le trouver. Saint Remi le reçut avec joie et le mit au nombre de ses enfants spirituels, et après l'avoir fait prêtre et lui avoir permis de construire un oratoire pour célébrer les Saints Mystères, il le renvoya dans sa solitude, où il vécut saintement avec ses disciples. »

Mort de Berthauld

« Enfin, consumé par ses travaux et ses austérités, plein de jours et de bonnes œuvres, ayant vécu soixante-treize ans dont il en passa cinquante-trois dans la vie érémitique, ayant donné le soin de son troupeau, du lion et de sa sépulture, qu'il voulut être sur cette montagne, à son cher et fidèle Amand, il mourut l'an de Jesus-Christ cinq cent vingt cinq, le 16 de juin, jour auquel on célèbre sa fête dans le diocèse de Reims et l'abbaye de Chaumont. »

Un grand nombre d'ermites vinrent grouper leurs cabanes autour du modeste oratoire et, pendant de longs siècles, continuèrent l'œuvre du fondateur. En 1078, ils eurent pour successeurs des chanoines réguliers de Saint-Augustin, auxquels Roger II, comte de Porcien, construisit une église bénite en 1082 par saint Arnoult, évêque de Soissons[1]. Cette église, écrit Jean Taté, avait été bâtie sur la montagne, au-dessus du château dudit comte, qui lui servait de campagne ; et a été enterrée dans la dite église Adélaïde, la comtesse, femme de Roger II, et l'a dotée de gros biens.

La légende

L'imagination populaire a complété à sa manière la vie du personnage historique, en y ajoutant des épisodes légendaires, et des événements prodigieux. Voici comment

---

[1] P. Ch. Clair Notice sur Saint Berthauld, Paris 1925

Olive et Libérette, filles du seigneur d'Hauteville, connurent l'ermitage de Berthauld, guidées à travers bois non plus par un lion, mais par une licorne[1].

« Elles allèrent toutes deux du côté de la forêt et la licorne, redevenue visible, marchait devant elles. Elles suivaient pour tout chemin, la piste des bêtes féroces ».

La licorne traversa un torrent large et profond, que les deux sœurs craignirent de franchir. C'est alors qu'eut lieu le prodige.

« Mais, tandis qu'en s'appuyant sur un saule elles contemplaient les eaux écumeuses, l'arbre s'inclina brusquement et les porta sans peine sur l'autre bord ».

Elles parvinrent à l'ermitage de Berthauld, qui leur fit entendre les paroles de vie.

« A leur retour, le saule, en se redressant, les porta sur l'autre rive ».

Les deux sœurs, ayant reconnu le chemin, l'empruntaient fréquemment pour entendre Berthauld.

Mais voilà qu'en se rendant un certain jour à l'ermitage, la pluie avait grossi le cours d'eau, qui était devenu un torrent infranchissable. Olive prit un échalas dans les vignes pour se soutenir, tandis que Libérette refusa tout secours et s'avança sans crainte vers le saule qui s'inclina comme de coutume. « Puis il se redressa, et quand Oliverie voulut passer à son tour, il resta droit. Et le courant brisa l'échalas comme un fétu de paille et l'emporta ».

Olive resta seule sur le bord en deçà du torrent, et comprit qu'à cause de son manque de foi, le saule ne s'inclinerait plus jamais pour elle. Elle se construisit une cabane en forêt près d'une source, appelée depuis la source de Sainte Olive, et dont les eaux sont

---

[1] A. France L'Etui de Nacre, Paris 1923, la légende des Saintes Oliverie et Libérette

toujours « salutaires pour les fébricitants ». Elle y mena la vie ascétique et ne songea plus qu'à mériter le Ciel par une vie de pénitence et de prière.

figure 27 Chapelle de Sainte Olive

Puis vint la fin bienheureuse de Berthauld, Olive et Libérette.

« Libérette, s'étant rendue seule auprès du bienheureux Berthauld, le trouva mort, dans l'attitude de la contemplation ».

Après avoir enseveli le corps de ses mains, Libérette, renonçant au monde, se construisit une cabane au-delà du torrent, près d'une source « dont les eaux miraculeuses guérissent la fièvre, ainsi que diverses maladies des bestiaux », pour y mener la vie érémitique jusqu'à sa mort glorieuse, qui survint peu de temps après.

Les deux sœurs ne se revirent plus jamais en ce monde…

Olive survécut dix ans à sa sœur, « dans l'attente de la félicité éternelle, qui commença pour elle le 9 octobre de l'an de N.S. 564 ».

Ainsi est racontée la merveilleuse histoire de l'évangélisation du Porcien, au temps de Remi, évêque de Reims, qui baptisa le roi Clovis en 496. A cette époque, où les Francs Saliens avaient étendu leur empire du Rhin à la Loire, le peuple des campagnes n'était pas encore converti au Christianisme. En particulier dans le nord de la Gaule, infiltrée pendant des siècles par les barbares, les cultes païens persistèrent longtemps. Il y eut un siècle entre la conversion du Porcien par Berthauld et la conversion de Mouzon Carignan par Walfroy, enfoncé d'au plus soixante kilomètres dans la forêt sur la grand route Reims-Trèves.

FIGURE 28 - CURRACH MODERNE

L'évangélisation y fut l'œuvre de prédicateurs étrangers à la Gaule, en particulier des Celtes venus d'Irlande. Berthauld appartenait lui-même à ce peuple de navigateurs et de missionnaires. La légende nous le montre traversant la mer, soit sur une planche trouvée sur le rivage, soit dans une barque sans voile ni gouvernail tirée par un cygne. Si ce n'est le cygne, le détail est sans doute exact. Les barques des Irlandais avec lesquelles ils traversaient l'océan, les currachs, étaient faites de pans de bois recouverts de peaux cousues, sans quille ni gouvernail, mais naviguant à la voile ou à la rame. On reste étonné de la fragilité de pareils esquifs.

Décor druidique en ce passé lointain. Une immense forêt, trouée par un monticule blanchâtre sans bois, « lieu désert et affreux », le « Mont Chauve », demeure des esprits malins où Berthauld ne craindra pas de planter sa croix. Deux sources sacrées auprès desquelles Olive et Libérette érigèrent leurs cabanes, qui sont encore aujourd'hui réputées miraculeuses « salutaires pour les fébricitants », et où on se rend toujours en procession chaque lundi de Pentecôte. Ce n'est pas superstition mais croyance ; et notre curé nous y délivre la Parole de l'Eglise en la circonstance : « ce n'est pas l'eau qui guérit mais la foi ».

Promeneurs, ne cherchez pas sur la carte ou sur le terrain un torrent infranchissable. Tous les cours d'eau de la région sont paisibles, même l'hiver à la fonte des neiges, ou par grosse pluie. Chacun les traverse avec un peu d'attention au seul risque de se mouiller les genoux. Ce n'est pas le ruisselet sur les rives duquel les deux sœurs ont construit leur cabane qui puisse faire obstacle à leurs rencontres. Le ruisseau qui les sépare est symbolique[1], du temps où les animaux parlaient aux hommes, et où les plantes servaient de demeures aux fées. Et les enchantements de ce temps-là ne se reverront plus en notre siècle

---

[1] Il y a une symbolique Chrétienne très forte de l'eau, par le Baptême, qui est passage de la Mort à la Vie, pour celui qui suit le Christ : « Laisse les Morts enterrer les Morts, toi, viens et suis moi » (Matthieu 8.22). Olive, à la différence de sa sœur Libérette, hésita-t-elle à recevoir le Baptême ? De même le lion « que dieu leur envoya pour leur servir de guide » n'est pas un animal ramené de Terre Sainte, mais la représentation symbolique habituelle de l'Evangéliste Marc.

Histoire

Ce guide dresse pour le lecteur curieux l'environnement historique dans lequel les Chaumontais ont vécu. Plusieurs aspects doivent être regardés. Tout d'abord l'histoire des populations de la contrée avec ses heurs et ses malheurs de pays frontière, puis la vie de l'abbaye qui a structuré l'activité communale.

Certains fonds de vallée ont été peuplés par des chasseurs-cueilleurs itinérants dès le paléolithique. Des outils en pierre taillée ont été trouvés à Mainbresson dans la vallée de la Serre.

1er siècle avant JC

Le Porcien était un territoire des Gaulois Rèmes, dont la capitale était Reims (Durocortorum). Ils faisaient partie des peuples belges, dont César a dit que « ce sont les plus braves des Gaulois ». Ceux-ci n'eurent pas l'occasion de montrer leur bravoure en s'opposant aux Romains, car ils furent les alliés indéfectibles de César pendant toute la guerre des Gaules, y compris pendant la révolte générale de 52 A JC conduite par Vercingétorix. Sans leur soutien, il eût été impossible à César de refaire ses forces avant Alésia. César nous décrit l'ambassade de deux nobles Rémois en 58 AJC envoyés pour mettre les personnes et les biens de leur nation sous la protection des Romains, alors que la totalité des autres Belges se préparait pour la guerre.

Le territoire était alors couvert par la grande forêt des Ardennes, qui s'étendait du Rhin aux rives de l'Aisne, et était peu peuplé. Ses voisins de la rive droite de la Meuse étaient les Trévires, peuplade celto-germaine, que les Romains ne pouvaient contraindre à « l'obéissance » qu'en maintenant une présence militaire.

Les voisins de l'ouest étaient les Nerviens, les plus primitifs et farouches des Gaulois, qui avaient gardé les vertus de courage ancestrales, et qui faillirent battre César lui-même dès la deuxième année de la guerre. Les légions furent si menacées sur la Sambre que les auxiliaires romains prirent la fuite dès le début des combats et que César dut prendre le bouclier d'un soldat et se porter au premier rang pour rétablir la situation. Il nous dit que les Nerviens étaient si acharnés qu'ils montaient sur les cadavres de leurs camarades pour mieux lancer leurs traits. Finalement, ils furent écrasés, et, après avoir perdu la quasi totalité de leur sénat, demandèrent la paix.

Au nord et au nord-est la profonde forêt, inoccupée, qui servait de frontière avec les autres peuples Belges. César explique que la progression de son armée était empêchée par les branches entrelacées et les taillis d'épines que ces peuples entretenaient dans les forêts qui leur servaient de frontières. Ces zones seront appelées « Hayes » à l'époque Mérovingienne et subsisteront quelquefois dans la dénomination des lieux-dits actuels.

Vers Namur demeuraient les Atuatuques, et plus au nord vers Liège le petit peuple celto-germain des Eburons, qui, sous la conduite d'Ambiorix, pendant l'hiver 57 AJC, détruisit complètement une légion romaine et en mit une autre en grand péril. Ambiorix avait trouvé la tactique pour vaincre les légions : les attirer hors de leur camps par. des promesses, puis les attaquer pendant leur marche. Lourdement chargées, elles ne pouvaient pas résister au harcèlement des Gaulois, qui les accablaient de traits et de javelots.

Epoque gallo-romaine 1er au 4ème siécle

La fidélité des Rémois à Rome fut largement récompensée. Reims devint une capitale de la Gaule du Nord. Un réseau de voies romaines en étoile partait de Reims dans toutes les directions. Deux de ces voies traversaient le département des Ardennes, vers Cologne et Trèves, tandis qu'une troisième, vers Bavai (près de Maubeuge), le bordait à l'ouest.

Une pièce de monnaie Rémoise en or fut trouvée dans la grand'rue de Chaumont, et figure dans les collections du Musée du Rethélois et du Porcien.

La paix et la prospérité aidant, des villas s'établirent le long des grands routes, comme Justine-Herbigny et Sévigny, et commencèrent à entamer la forêt. D'autres s'installèrent le long des cours d'eau comme Doumely, et Logny en créant des clairières. Tout cela devait être ruiné dans le siècle suivant.

La langue Celte fut en grande partie oubliée et remplacée par le latin. Seuls 2% des lieux-dits sont d'origine gauloise. Signalons trois racines non passées dans le Français actuel. :

- ⇨ « eve » racine fréquemment rencontrée dans le département des Ardennes, qui désigne l'eau. A Chaumont, on trouve la Côte des Evis et l'Eve Con (se prononce l'ev'kon peut-être terminal cau ou con le noisetier)

- ⇨ Les Breux de Brogilum dérivé du Gaulois Broga, ancien Français Breuil, qui désigne un petit bois entouré d'un mur ou d'une haie

- ⇨ La Noue, Bigeneau du Gaulois Nauda, a donné en ancien Français neau ou noue, qui désignait généralement une prairie marécageuse.

- ⇨

Les Grandes Invasions 5ème siècle

Après la romanisation de la Gaule qui aboutit au remplacement de la langue Celte par du bas latin, la région eut à subir les invasions germaniques, puis l'installation des Francs. Ils fusionnèrent avec les populations locales qui furent influencées par la langue du vainqueur.

En l'absence de sources écrites pour cette période, nous aurons recours à la toponymie et l'archéologie pour nous éclairer quelque peu.

La toponymie est la partie de la linguistique qui étudie les noms de lieu. Elle est souvent le dernier témoin des temps anciens. Les origines des noms de lieux nous renseignent sur les occupants, sur certaines de leurs coutumes et de leurs habitudes.

Les noms de lieux ont pour partie une origine germanique. Ils témoignent du mélange de populations qui eut lieu dans l'ancienne Gaule-Belgique. La frontière du Rhin de l'empire romain fut infiltrée pendant des siècles, jusqu'à sa disparition, par des barbares germains, qui s'installèrent dans le nord de la Gaule en masse au-delà de la Somme, et plus au sud en groupes dispersés. Si bien que beaucoup de noms de lieux et de noms de personnes changèrent ou furent initiés pendant le Haut Moyen Age. En outre, l'apport francique à la langue commune est conséquent et bien connu en ce qui concerne le Français (noms de plantes, d'institutions, termes militaires…). Cet apport était plus important dans les divers patois ardennais, aujourd'hui disparus. L'étude du cadastre va nous le confirmer[1].

A Chaumont, les lieux-dits d'origine francique, en plus des noms passés en Français courant comme fief ou marais, représentent environ 10% de l'ensemble. Notons encore que certains de ces lieux-dits, situés près des villages, sont très souvent nommés:

⇨ Les Woitènes (ou Ouatènes) de Waat qui désigne une terre imperméable, marécageuse et stérile. A donné « gâtines » ailleurs.

⇨ La Soque de Stock la souche[2]

⇨ Le Hour de Hurd qui désignait une palissade (située dans le bas d'Adon, pour la défense ?)

⇨ Trion de Thresk, terre inculte

---

[1] Il s'agit de l'ancien cadastre ; le cadastre de 1981 établi après le remembrement a supprimé la plupart des lieux-dits dialectaux, et n'est donc d'aucune utilité pour notre propos.

[2] DDA Ardennes Etude d'impact du remembrement de Chaumont-Porcien, Charleville 1978

- ⇨ Triot   même origine ; existe toujours dans le parler local, ainsi que détriocher qui signifie remettre en culture une terre inculte

- ⇨ Le Fossé la Woichène   du Francisque Waskon qui signifie laver ; a donné wache[1] en dialecte qui désigne à Chaumont une flaque d'eau. Woichène veut dire terre détrempée

- ⇨ Les Woyens, le Woyen même origine, désignerait le passage où l'on patauge à gué, ce qui correspond bien à ces lieux, qui sont des fonds boueux au bord des ruisseaux : à Chaumont à l'intérieur même du village ; à Adon dans le bas du village pour franchir le ruisseau. Au Woyen d'Adon se dressent encore les ruines du dernier lavoir communal. (A comparer avec le wallon Wayî marcher dans l'eau ou la boue).

- ⇨ Jarin   de Gard qui a donné jars en Français

- ⇨ Les Godaux   de Gard également, qui désignait le jars en patois champenois

Un certain nombre de noms de lieux sont constitués d'un patronyme germanique et d'une finale latine, la construction étant grammaticalement germanique :

- ⇨ Gobert Mont   patronyme Gobert

- ⇨ Le Bouzy patronyme Boso, suffixe iacum

- ⇨ Jonval   Patronyme Jüng, suffixe val : vallée

- ⇨ Aisemont Mont des « aisances », qui sont les biens communaux

---

[1] M. Tamine Toponymie de Gespunsart dans Terres Ardennaises

Jusqu'en Français moderne cette construction a perduré. On cultive à Chaumont des « Douces Terres », des « Blanches Terres » alors qu'ailleurs on travaille des terres douces et des terres blanches.

Il existe aussi un curieux « peu vaut » ; d'une mauvaise terre on dirait « vaut peu » aujourd'hui.

Le nom du village d'Adon proviendrait d'un patronyme germain « Ado »[1] Notons que le patron du village est Eloi, très populaire dans le nord de la Gaule, car il avait évangélisé les Francs Saliens.

---

[1] A. Dauzat Ch. Rostaing Dictionnaire Etymologique des noms de lieux en France.

Ch. Rostaing Les Noms de Lieux en France

Figure 29 - Adon en 1607 d'apres A. de Montigny pour Charles III de Croÿ

Archive des Ardennes - Bibliotheque Nationale de Vienne (Autriche) (A.N.L., Picture archives, Vienna)

Figure 30 - Adon en 2005

Les noms des villages entourant directement Chaumont ont des racines celtes comme Givron (du Gaulois Gabros , chèvre), latinisées comme Logny (de Loconius nom d'homme gallo-romain) ou Bégny (de Benos nom d'homme gallo-romain), et des noms plus récents d'époque mérovingienne germano-romans (Wadimont, Remaucourt).

Chaumont lui-même est d'origine purement latine, sans doute donné par l'église et tardif : Calvus Mons, « Chauve Mont » ou le Mont Chauve, car nous dit le cartulaire de l'abbaye « Il n'y avait pas de bois sur cette montagne alors que le pays alentour en était couvert »

Ces particularités toponymiques ne signifient pas que le peuplement était massivement germain, mais que l'influence des Francs qui s'étaient installés au nord de la Somme était assez forte pour produire dans la région un mélange roman-germanique dans la langue[1], que l'on retrouve dans les noms propres.

Le constat est général en Gaule du nord, et Chaumont n'en est qu'une illustration. De ce mélange aux périodes les plus obscures de l'histoire de France sortira bientôt un nouveau peuple, belliqueux et conquérant, à qui un grand destin est promis.

L'archéologie nous renseigne également. Suite aux fouilles effectuées au Mont de Châtillon sur ordre de l'Administration des Ardennes[2], on peut conclure que des lètes étaient établis au Mont de Châtillon. Ces lètes étaient des populations germaniques armées, à qui Rome avait concédé des terres, à condition de concourir à la défense.

---

[1] F. LOT La fin du Monde Antique et le début du Moyen Âge, Paris 1927

[2] G. Drouzy Essai historique sur Rocquigny-en-Porcien et le pays d'Alentour

Le Mont de Châtillon

Ce sommet blanchâtre à 230 mètres d'altitude, qui domine la route de Chaumont à Rocquigny, terminant en promontoire les Côtes de La Hardoye, mérite une attention particulière. Châtillon vient du latin castellum par son dérivé castellione, fortification, redoute.

Il est probable que le mont ait été surmonté d'un simple poste fortifié qui couvrait une route romaine secondaire. Cette route est aujourd'hui un chemin de terre encaissé qui est appelé « Chemin des Romains ».

Celui-ci vient de Doumely, évite les centres habités, passe par les Monts de Givron, de Pagan, et la Côte des Auneaux, et suit exactement la ligne de crêtes de la vallée de la Planchette. A partir de la Côte des Auneaux, la route se dirige vers le nord-ouest, puis l'ouest, passe à mi-hauteur du Mont de Châtillon, suivant une nouvelle ligne de crêtes séparant la vallée de la Malacquise au nord et celle du ruisseau de Saint-Fergeux au sud. Une partie de cette route est aujourd'hui goudronnée et conduit à la ferme de la Folie, puis continue ensuite en droite ligne vers Sévigny-Waleppe par Le Radois, où il rejoint une autre voie romaine allant de Reims à Bavai (capitale des Nerviens, près de Maubeuge) passant par Nizy le Comte et Dizy le Gros. Sévigny (villa de Sabinus) existait à l'époque gallo-romaine, et a livré un cimetière important d'époque mérovingienne (fouillé en 1880, 400 squelettes y furent découverts).

La route, établie de cette manière sur des côtes, était à usage militaire. Son tracé évitait les surprises et une circulation malaisée dans les fonds boisés et boueux de la région.

Avant Doumely, le tracé est perdu, mais sa direction sud-est indique les Monts de Sery distants d'environ six kilomètres, où était installé au Bas Empire un camp militaire, qui contrôlait la voie romaine allant de Reims à l'actuelle Charleville. Il semble donc qu'elle fut construite à cette époque, quand, après les troubles du 3ème siècle, les Romains établirent en Belgique des défenses en profondeur derrière la frontière du Rhin. Elles comportaient des camps fortifiés comme celui de Sery, et des voies permettant la circulation aisée de troupes d'intervention.

Par ailleurs, suite à l'exhumation de nombreux squelettes lors de la mise en culture du Mont, des fouilles effectuées au 19ème siècle ont révélé l'existence, vers le nord, d'une nécropole antique. On trouva en quantité des restes humains accompagnés d'armes de fer, telles qu'épées longues de type franque, et de poteries grossières roses ou grises. On découvrit aussi quelques restes d'enfants. Etant donné le grand nombre d'hommes enterrés, il s'agit à l'origine d'un cimetière d'auxiliaires « Romains », des lètes, les forces romaines étant constituées dans les derniers temps de l'empire, de soldats barbares. Ces hommes enterrés là avaient donc veillé à la défense du fort, et du pays alentour, contre d'autres barbares...

Par la suite il fut utilisé comme lieu d'inhumation par la population de la contrée, comme l'indique la présence d'enfants.

Il est également remarquable de constater que le Mont de Châtillon se trouve à la croisée des trois terroirs de Chaumont, La Hardoye et Rocquigny. On pense que le cimetière a servi de point de repère à la population lorsqu'il a fallu fixer les limites des finages paroissiaux. Cette constatation a souvent été faite en Europe du nord[1].

---

[1] R. Fossier Enfance de l'Europe, Aspects économiques et Sociaux, situe l'époque où se sont définitivement fixés les hommes dans les villages actuels aux 10ème et 11ème siècles. « Les anciens cimetières en rase campagne ont alors été abandonnés pour les abords des églises paroissiales ».

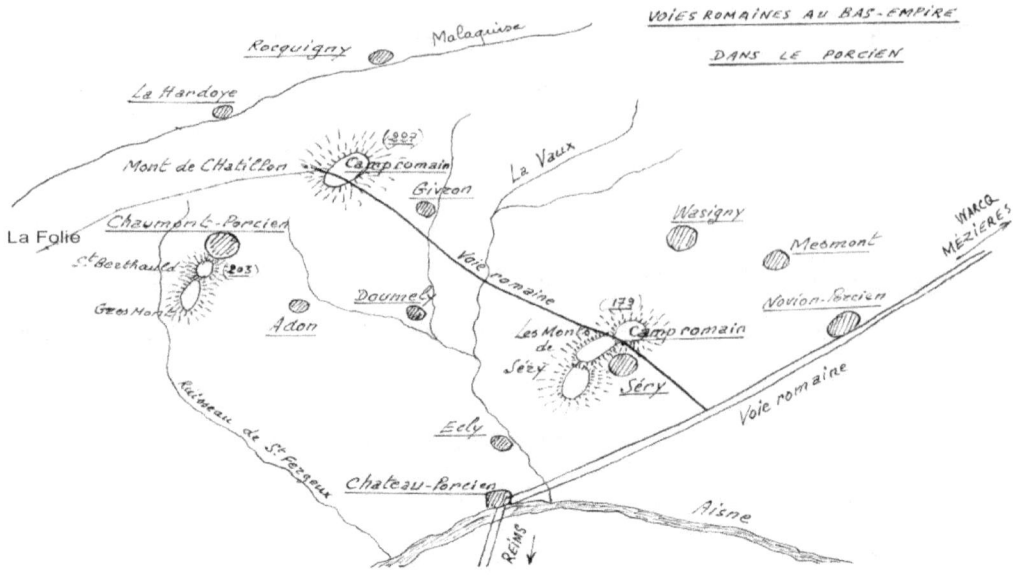

Croquis 7 - Le chemin des Romains

Croquis 8 - Le Mont de Châtillon

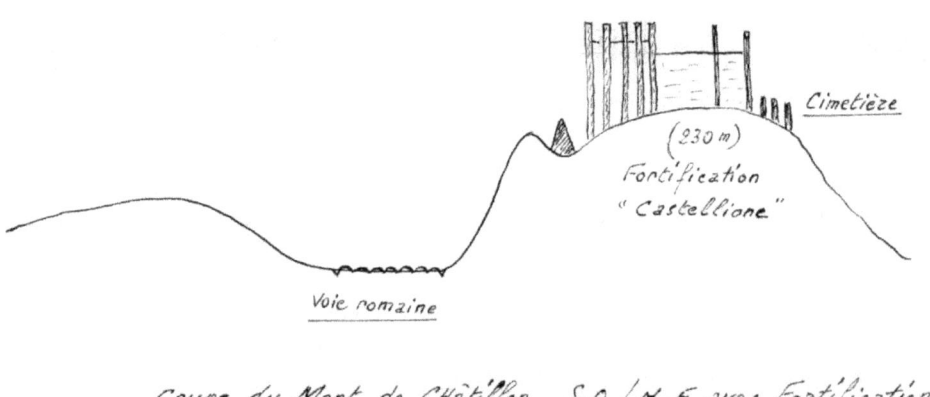

Epoque Mérovingienne 6ème au 8ème siècle

L'évangélisation par Berthauld 473-525

Le cartulaire de l'abbaye de Chaumont a été écrit cinq siècles après la mort de Berthauld. Il s'est fait l'écho de traditions pour une part légendaires.

Un document cité par Jean Taté[1] nous situe mieux la prédication de Berthauld. Il nous raconte que saint Remi a fait appel plusieurs fois à des missionnaires Ecossais (Irlandais) pour évangéliser certains secteurs de son diocèse, dont Chaumont. Voici l'extrait[2] :

« St Berthauld est venu en France d'Ecosse, attiré par la grande réputation de St Remy. Deux troupes vinrent de ce pays, la première de 9 personnes, 6 frères et 3 sœurs qui étaient de qualité. Gibrian, prêtre qui était l'aîné de cette famille fut envoyé par St Remy sur la Marne, Tresain que St Remy a fait prêtre et envoyé curé à Mareuil ; la seconde de 4 ou 5 personnes aussi de qualité, Precodius fut envoyé vers Vesly et Berthauld et Aumont à Chaumont où ils établirent leur demeure à deux lieues par delà Château-Porcien. Berthauld a été fait prêtre par St Remy et prêcha l'évangile dans ce pays ».

Chaumont en Porcien

L'origine de ce nom bizarre Porcien, « pagus porticensis » ou encore « pagus portuensis », qui a donné d'abord Portien, n'est pas dû à l'abondance du sanglier dans les forêts antiques, comme le prétendaient les auteurs du 19ème siècle, mais proviendrait de portus le port.

Voyons en ce qui concerne le port, et son dérivé portage. La totalité du pays est traversée par une ancienne voie romaine, qui lui donne son unité. Celle-ci partait de Reims, traversait l'Aisne à Château-Porcien, passait par Ecly, Sery, Novion-Porcien, qui était une station importante sur la voie. Cette localité portait alors le nom celte de

---

[1] Notice sur l'abbaye de Chaumont en Porcien 1749 citant un recueil d'histoire concernant les villes de Château-Porcien, Rethel et pays des environs par M. Nicolas-Joseph Baudet, demeurant à Hauteville. Registre in folio copie manuscrite de l'auteur. Pages 152 à 156

Noviomagus (le marché neuf). Puis par Viel Saint Remi, Launois, Barbaise, Gruyères, Fagnon, Prix gagnait la Meuse à Warcq puis Mézières, et continuait vers Cologne. Cette route était essentielle dans le système de communication de la Gaule du nord. En effet, un simple examen d'une carte montre qu'elle relie le bassin de la Seine, par l'Oise et l'Aisne à celui de la Meuse, en direction de Liège.

Il est certain que la Meuse était utilisée pour le transport des marchandises dans l'antiquité. L'Aisne aujourd'hui ne semble guère navigable, au point qu'elle est doublée par un canal. Cependant, pour des bateaux de commerce de dimensions modestes, la profondeur des eaux était suffisante jusqu'au Moyen Age, et ce jusqu'à Château-Porcien. Cette ville était donc située au passage de l'Aisne par la route et aurait abrité le dernier port fluvial. Château était une localité importante au Bas Empire, et a été détruit au moment des Grandes Invasions par les Vandales.

Un dérivé de portus, le port, est portitor, receveur des taxes d'un port, ou portaticum, qui était le droit payé par les commerçants pour le portage à dos d'homme des marchandises, en des endroits particuliers, tels que ponts, écluses ou ports. Cette redevance faisait partie des « tonlieux », droits, péages, octrois, hérités de l'administration romaine et maintenus dans les siècles suivants. Ces taxes ont pu être perçues à Château... et laisser un souvenir impérissable de nature à caractériser Château et sa région. Le Pays Portien serait donc le Pays du Port ou du Portage[1], celui-ci concernant le portage des marchandises de la voie fluviale à la route depuis l'Aisne, et leur acheminement par voie terrestre jusqu'à la Meuse.

---

[1] Le terme « portage » est employé dans le Grand Nord Canadien avec un sens identique. Les trappeurs qui voyageaient en canoë dans cette contrée sauvage couverte de forêts, par les cours d'eau et les lacs, empruntaient des « portages », sentiers terrestres, pour passer d'une rivière à une autre.

Pendant le Haut Moyen Age, le pays Portien avait la forme d'un vaste quadrilatère de 60 kilomètres sur 35, de la vallée de la Retourne au sud, à Revin au nord[1], occupant tout l'ouest du département des Ardennes. A l'époque, deux grandes zones étaient cultivées :

⇨ Au nord la vallée de la Sormonne avec Warcq, et les villages de la terre des Pothées autour d'Aubigny, donnée par saint Remi à l'archevêché de Reims.

⇨ Au sud la zone champenoise actuelle jusqu'aux rives de l'Aisne, avec Château comme centre, et plus tard Rethel.

Chaumont et sa région étaient alors, nous renseigne le cartulaire de l'abbaye, en pleine forêt. Seule la butte où Berthauld planta sa croix était déboisée.

Entre les deux zones cultivées était la vaste forêt des Ardennes, trouée de quelques clairières au bord des ruisseaux (Doumely, Logny…), et de villas le long des grands routes (Justine, Viel Saint Remi, Sévigny…).

---

[1] M. Bur Vestiges d'Habitat Seigneurial Fortifié des Ardennes et de la Vallée de l'Aisne, A.R.E.R.S. 1980

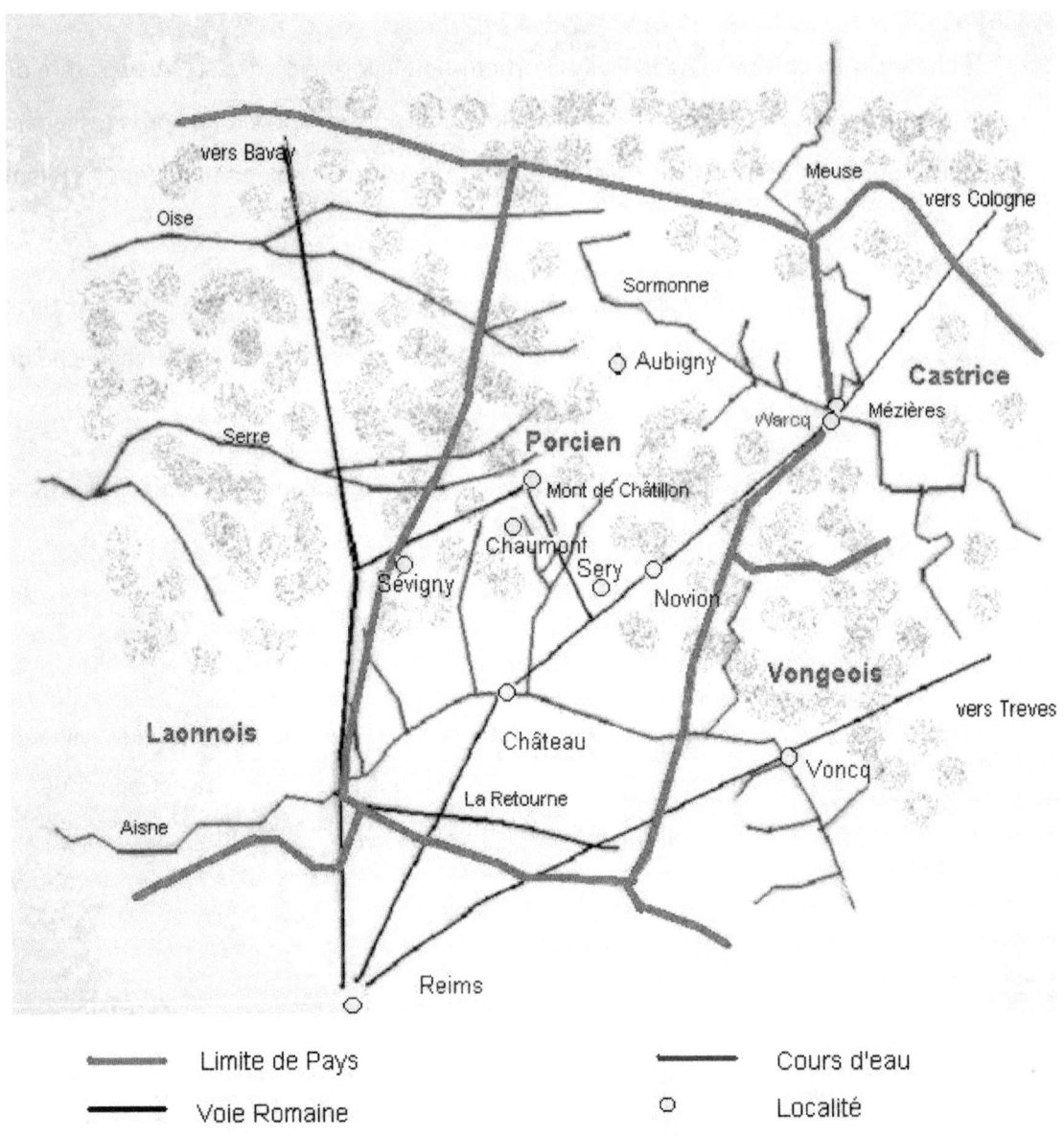

Epoque Carolingienne 9ème 10ème siècle

Des ermites logent sur le « Mont Chauve » dans des cabanes, et perpétuent l'œuvre de Berthauld jusqu'après l'an mille.

Traité de Verdun entre les petits fils de Charlemagne.

Le Porcien avec le Vongeois (région de Voncq) fait partie de l'héritage de Charles le Chauve.

Les trois autres pays du département des Ardennes : Castrice (Charleville), Mouzonnais, Dormois (autour de Grandpré) échoient à Lothaire. La frontière traverse donc le département ; seule la partie à l'ouest de la Meuse et de l'Argonne est française.

Bataille contre les Normands à Chaumont

Une rencontre eut lieu à Chaumont où Manassès, comte du Porcien, avec ses alliés, les comtes de Castrice, du Vongeois, de Rozoy, et du Dormois défirent un corps de ces pirates. Il fallut donc mobiliser quasiment le ban de toute la région pour en venir à bout.

Après l'an mille

Essor économique

La date fatidique est passée, et la fin du monde ne s'est pas produite. Chacun retrousse ses manches, et l'Europe Occidentale connaît une période de croissance dont témoignent les chroniqueurs du temps.

Raoul Glaber écrit " On eût dit que le monde entier se couvrait d'un blanc manteau d'églises ». Chaumont participe au mouvement :

En 1078, Roger II, comte de Porcien, bâtit une église sur la butte, que st Arnould, évêque de Soissons, bénit en 1082, et confia aux chanoines de Saint-Augustin. Cette église, écrit Jean Taté[1] « a été bâtie sur la dite montagne au dessus du château du comte, qui lui servait de maison de campagne. Roger a été enterré en la dite église avec Adélaïde la comtesse, ils l'avaient dotée tous deux de gros biens ».

Elan monastique

---

[1] J. Taté Notice sur l'abbaye de Chaumont-Porcien 1749

En 1140, l'église est confiée à des moines, l'Ordre des Prémontrés, par Henry, comte de Porcien

En 1147, Roger III fit bâtir une nouvelle église que bénit un autre évêque de Soissons, Arnould de Pierrefonds.

Défrichement

En février 1234, Roger, seigneur de Rozoy et Adélaïde sa femme, ont fondé la chapelle de Gerigny, près de Rocquigny, et la donnent à l'abbaye, avec toutes les dîmes de leurs bois qui sont arrachés et défrichés, à charge pour les moines de dire la messe.

Jusqu'aux début du XIVème siècle, se poursuit la croissance en biens et en hommes. Les documents d'époque ne parlent que des travaux de la paix : donations de terres à l'abbaye, dispute pour des viviers et des bois entre la commune de Chaumont et l'abbaye ; querelle avec les religieux de Signy et les Templiers de Seraincourt...

Tout allait être bouleversé à partir de 1337, quand le roi d'Angleterre Edouard fit état de ses droits à la Couronne de France. Le conflit durera, avec des trêves, jusqu'en 1451. On estime que, suite aux guerres et aux épidémies, la population de l'Europe occidentale fut divisée par deux en un siècle.

Chronique des guerres civiles XIVème au XVIIème siècle

Guerre de Cent Ans

Cette guerre qui n'opposa pas seulement les Anglais aux Français, mais qui fut aussi une guerre civile entre Armagnacs qui soutenaient les rois de France et Bourguignons, alliés des Anglais. Le Porcien eut à en souffrir car il était tenu par Charles d'Orléans, le prince poète frère du roi Charles VI, tandis que le comté de Rethel était bourguignon. C'est pour payer sa rançon aux Anglais que Charles d'Orléans, fait prisonnier à Azincourt, vendit le Porcien à Antoine de Croÿ en 1438.

1432 – Destruction du château de Givron par Jean de Luxembourg, capitaine bourguignon, homme de guerre sans foi ni loi. C'est celui-là même qui captura Jeanne d'Arc à Compiègne et la livra aux Anglais. Voici le récit de la prise du château, d'après la chronique d'E. Monstrelet, citée par H. Bur :

« …Et de première venue, fit loger les gens autour d'une forteresse nommée Guetron, en laquelle étaient de soixante à quatre vingts combattants tenant le parti du roi Charles ; lesquels en assez bref terme, quand ils aperçurent la force de leurs ennemis furent moult ébahis et effrayés et sans grand'défense, laissèrent prendre leur basse-cour et, assez bref ensuivant, commencèrent à parlementer…Après lequel traité conclu… le capitaine retourna dans son fort mais ne dit pas à ses compagnons la vérité dudit traité… Et quand ce vint à livrer ladite forteresse, tous ceux-là étant furent mis prisonniers et le lendemain… furent tous pendus et étranglés à plusieurs arbres…

Et en outre, après que ledit messire Jean de Luxembourg eut fait l'exécution susdite, il se partit de là avec tout son armée mais premier fit démolir ladite forteresse de Guetron et s'en alla devant le fort de Tours en Porcien » (Le Thour)

Jean de Luxembourg va donc traverser tout le Porcien d'est en ouest en vivant sur le pays ; on imagine les saccages et dévastations accompagnant cette « promenade militaire ».

1437 - Le château de Chaumont et les habitations ont été détruits, selon l'Aveu de Fastré de Bellemont. Le Porcien dans son ensemble est ravagé. Certaines parties retournent à la friche et au désert ; à Montmeillant les 70 feux recensés en 1360 sont réduits à rien au XVème siècle ; le pays est réputé « inhabité » en 1459, comme « Adon, Givron, Bégny, et plusieurs autres » selon le dénombrement fait pour Antoine de Croÿ. Trente ans plus tard le pays est toujours détruit et désolé, au moment où Philippe de Croÿ octroie une charte à Montmeillant et divers avantages fiscaux pour inciter à la reconstruction.

1438 - Le Porcien, vendu à Antoine de Croÿ par Charles d'Orléans, le prince poète, passe sous influence bourguignonne.

En 1561, le Porcien est érigé en principauté pour la Maison de Croÿ.

En 1595 Charles III de Croÿ entre en possession de ses nombreux domaines, dont le Porcien et la seigneurie de Montcornet. Prince fastueux, il commande à Adrien de Montigny une série de tableaux représentant les principaux villages de ses propriétés, dont Adon, Givron, Bégny.

En 1608, le Porcien est vendu à Charles Ier de Mantoue[1], duc de Nevers et de Rethel, de la Maison de Gonzague, en 1659 au cardinal Mazarin. Puis en 1661 il est inclus dans la dot de sa nièce Hortense Mancini, puis par successions et mariages il échoit à la famille Grimaldi de Monaco[2].

Guerres de Religion

Chaumont incline vers la Ligue. La plus grande partie de la population et les seigneurs sont de fervents catholiques, à part Antoine de Croÿ et d'Aubilly au siècle suivant. Ce fut la cause des hostilités avec les protestants de Sedan et Bouillon, regroupés à la frontière du royaume.

---

[1] Le fondateur de Charleville.

[2] Une descendante en ligne directe d'Hortense Mancini épousa en 1771 le prince Anne Charles Maurice Grimaldi, ancêtre de SAS le Prince Albert II.

28 Mai 1589 – Les Huguenots surprennent le bourg et l'abbaye, qui sont détruits[1]. Le Porcien dans son ensemble est ravagé. Les habitants se réfugient dans les églises quand ils peuvent.

1591 – Un dernier siège ruine complètement l'abbaye. Il ne reste que la maison abbatiale.

La paix revenue, les moines voudront reconstruire l'abbaye à l'ancien emplacement sur la butte. Mais un conflit les opposait depuis longtemps au château pour des questions de voisinage, notamment l'entretien de la motte, ou le passage par les cours du château. En 1619, un accord intervient entre Charles d'Aubilly, baron de Chaumont, et les moines, qui acceptent de quitter les lieux, moyennant une forte indemnité. Les nouveaux bâtiments seront construits sur le territoire de Remaucourt, en une place plus commode, au lieu-dit « La Piscine », et achevés en 1623.

Minorité de Louis XIV, Guerres de la Fronde

Comparée à des jeux de fronde entre les Grands du Royaume, hostiles à Mazarin premier ministre d'Anne d'Autriche, ces guerres furent particulièrement funestes et dévastatrices pour la région. Y furent impliqués les Espagnols des Pays-Bas appelés à la rescousse par les Frondeurs. L'Espagne fut en guerre avec le Royaume de France du règne de François 1er à celui de Louis XIV. De cette longue insécurité due à la frontière du Hainaut, la construction en Thiérache d'églises fortifiées, où se réfugiaient les paysans pour échapper aux bandes armées, amies ou ennemies (dans le canton églises de Rocquigny et de Fraillicourt).

---

[1] L.Gérard l'Echo de Saint Berthauld, 1958

Figure 31 - Eglise fortifiee de Rocquigny

1650 – Turenne trahit et traite avec les Espagnols qui envahissent le Porcien. Le comte de Grandpré aux ordres de Turenne dévaste le monastère de La Valroy, puis s'empare de celui de Chaumont, pille, massacre quelques moines, traite les autres comme bêtes de somme et s'en va plus loin. Turenne s'installe à La Romagne et réquisitionne le pays alentour. En Décembre Mazarin l'emporte à Rethel. Les deux partis vivent sur le pays.

1652 – En Avril, le Duc Charles de Lorraine, qui « avait coutume » de traiter tous les ans avec les Espagnols des Flandres et du Hainaut pour une campagne militaire, se rend en Ile de France secourir les Frondeurs, passe par Rozoy et Chaumont, et y pille à son aise selon sa devise « Frappe fort, prends tout, et ne rends rien ».

1657 – On fait les comptes, 35 maisons brûlées ou démolies dans le bourg, 28 dans les censes. La misère est partout.

La Grande Révolution

Ici, comme partout en France, les idées nouvelles ont fait leur chemin. Parmi une population pauvre de manœuvres agricoles et de tisseurs de laine[1], un espoir s'est levé. Les cahiers de doléance réclament la suppression de la dîme, et le droit de chasse.

Les premières années de la Révolution ne vont pas arranger les choses. Disette, le pain est rare et réquisitionné. Il faut approvisionner les villes et l'armée. Des troubles dus à la pauvreté éclatent. Les gens de Chaumont interceptent un convoi de blé destiné à Rocroi. Les Rocroyens viennent le récupérer sous la menace de leur garde nationale et de leurs canons. On garde le blé, mais on est obligé de payer une forte indemnité. En 1795, le fermier de Trion est dévalisé par un groupe d'hommes ; on lui enlève toutes ses productions de bouche. Les coupables sont bientôt arrêtés, et identifiés comme étant des misérables du Fréty poussés par la faim.

En 1789, la « Grande Peur » s'abattit sur la région. A l'appel du tocsin, les gens d'Adon et de Chaumont s'armèrent spontanément plusieurs fois pour aller combattre un ennemi que la rumeur signalait aux portes du canton. Heureusement, les seules victimes furent quelques barriques de cidre...mises en perce....

1790 – Constitution civile du clergé. Quelques prêtres acceptent le serment républicain, la plupart se cachent ou partent en exil. Les religieux réfractaires sont emprisonnés à la Chartreuse du Mont-Dieu. Le RP Flocon, curé de Remaucourt, et moine Prémontré de Chaumont, est pris en flagrant délit de messe clandestine, et condamné à l'échafaud. Il sera guillotiné en 1793 à Saint-Mihiel.

1791 – Vente des Biens Nationaux.

---

[1] PJ Lefebvre « Paysans Ardennais face à la Révolution » 1996 Chaumont-Porcien.

L'abbaye déclinait à la veille de la Révolution. Il y restait six religieux et quatre frères convers, d'après l'état du chapitre tenu en 1784[1].

Petite liste non exhaustive des ventes, l'abbaye de Chaumont la Piscine possédant beaucoup de belles fermes.

18 janvier. Mise en vente des fermes appartenant à l'abbaye : Cense de Brice Butte, Cense Delvincourt, Cense de la Croix.

Le 17 février, vente de l'abbaye de Chaumont la Piscine aux enchères publiques à Rethel. Elle est adjugée 50300 livres en un seul lot, avec ses dépendances et les prés terres et ferme de Lucquy. Les bâtiments furent revendus à un entrepreneur de démolition, et il n'en reste aucun vestige aujourd'hui. La charrue est passée sur les ruines...

25 avril -. Vente de la ferme de la Rosière à Rocquigny appartenant à l'abbaye.

Le 22 août - Vente du Jeu d'orgues qui se trouve dans l'église des « ci-devant Prémontrés ».

23 juillet 1791. Adjudication de la « ci-devant terre, seigneurie et baronnie de Chaumont-Porcien », avec le château, par le dernier propriétaire, la famille de Boisgelin. Mise à prix 360.000 livres. Le château, déjà délabré, fut livré à la démolition, et rasé.

Les fouilles effectuées au XIXème siècle par Isidore Fressancourt, ne livrèrent que les fondations du château et de l'abbaye, et des débris de tuiles, ardoises et chapiteaux sans grand intérêt :

---

[1] Lannois Notices sur l'abbaye de Chaumont p. 47

« sic transit gloria mundi[1] ».

XIXème siècle

En 1814, après Waterloo, les Russes occupent le pays. Ils sont cantonnés à Bégny et Remaucourt, et réquisitionnent alentour.

Et puis, on reconstruit !

Isidore Fressancourt fit élever sur la butte où Berthauld avait planté sa croix une chapelle dédiée au saint, que l'on peut voir aujourd'hui.

Pierre Charles Jadart, né et domicilié à Adon, léguait à son décès le 6 juillet 1860, 40.000 francs pour construire une église à Chaumont et 20.000 francs pour une autre à Adon.

La chapelle fut consacrée le 9 septembre 1884, et l'église de Chaumont la veille par le Cardinal Langénieux, archevêque de Reims. L'église d'Adon fut consacrée le 5 octobre 1876.

---

[1] Ainsi passe la gloire du monde

FIGURE 32 - MOULIN A. VIZY 1893

Guerres et dévastations

Puis vint le temps des conflits Franco-Allemands qui scellèrent le déclin de l'Europe.

Les Ardennes subirent trois fois le choc des invasions. Plusieurs de ses villes et de ses villages furent le théâtre de sanglants affrontements : Sedan en 1870, les passages de la Meuse et les combats de La Fosse à l'Eau en 1914, les batailles des fronts de l'Aisne, de Champagne et d'Argonne en 1918, Sedan encore en 1940 et Monthermé, Rethel, Stonne, le Mont-Dieu, l'Argonne...

Chaumont-Porcien, bien qu'à l'écart des grands axes de pénétration, n'en subit pas moins les conséquences des combats, trois fois occupé par les armées allemandes.

1870-1871 - L'« année terrible »

Les combats sont ailleurs. Le 1er septembre 1870, après le désastre de Sedan, le 13ème corps commandé par le général Vinoy, qui occupait Mézières avec 10000 hommes mal entraînés et sans artillerie obtient l'autorisation de battre en retraite et de gagner Paris. Vinoy ordonne le 2 septembre à 1h30 du matin de marcher sur Rethel qu'il croît occupée par d'Exea, un de ses adjoints. Mais les Prussiens y sont déjà, ainsi qu'à

Château et Ecly. Talonnée en outre par la cavalerie ennemie, sa colonne prise entre deux feux risque la destruction.

Arrivé à Saulces aux Bois (aujourd'hui Saulces Monclin), et averti du danger, il prend la décision de tourner à droite vers Novion pour gagner la forteresse de Laon, par Chaumont-Porcien, Montcornet et Liesse. A Novion, serré par les Prussiens, il bivouaque, puis laissant ses feux allumés pour tromper l'ennemi, il s'esquive sans donner l'éveil. Le brave général Ambert[1] nous laisse une description émue de cette troupe épuisée par une nouvelle marche forcée de nuit dans des chemins boueux, sous une pluie battante, franchissant de profonds ravins et des bois ténébreux, suivie de loin par les Uhlans, mais secourue par la population des villages traversés, qui ravitaille les soldats en vivres : Mesmont, Wasigny, Bégny, Givron puis Chaumont où on bivouaque le 3 septembre devant Logny.

C'est là qu'un fait d'armes digne d'être cité a été conté par A. Meyrac. Nous reprenons ici, en témoignage des passions des hommes de ce temps-là, le récit de « Villes et villages des Ardennes ». Le ton y est vif et héroïque, en accord avec le patriotisme de l'époque. Il confirme en outre les mémoires du général Ambert qui souligne le soutien des populations du Porcien à l'armée, et la détermination extrême des combattants.

« Après la capitulation de Sedan, les débris du corps Vinoy étaient campés entre Chaumont et Logny. Trois soldats harassés de fatigue, et n'ayant pu suivre la colonne, s'étaient couchés dans un champ de pommes de terre dit « le Moulin Cyriaque-Tinois », du nom d'un ancien moulin aujourd'hui disparu. Deux de ces soldats furent relevés et amenés dans une maison où plus confortable abri leur fut donné. Le troisième resta toujours étendu, ne voulant plus bouger. Mais voilà qu'il avise trois

---

[1] Histoire de la guerre 1870-1871,

Général Ambert, Paris 1873

Uhlans. Aussitôt ses forces reviennent. Il prend son fusil, il tire ; un Uhlan tombe mort. Il tire encore, il casse le bras au second Uhlan. Quant au troisième, ayant éperonné son cheval, il prit la fuite. Le soldat prussien fut enterré au lieu-dit « Marquet », entre Logny et Seraincourt ».

Dans la nuit du 3 au 4, nouvelle marche de nuit pour échapper aux Prussiens. Vinoy lève le camp discrètement, laissant Chaumont à l'ennemi. En 25 kilomètres, par Fraillicourt et la vallée de la Malacquise, la colonne gagne Montcornet et se dérobe ainsi à ses poursuivants. Plus tard, le 13ème corps participera à la défense de Paris, où beaucoup de ses soldats périront.

1914-1918 - La « Grande Guerre »

Le Porcien est occupé dès les premiers jours de septembre 1914, après la défaite de Charleroi. Pour tenter d'arrêter l'ennemi, des batailles furieuses furent livrées dans les Ardennes. Le dernier engagement avant Chaumont eut lieu à Signy l'Abbaye la Fosse à l'Eau, au débouché des bois de Thin, le 28 Août. La quatrième armée de Langle de Cary, opposée aux Saxons de la troisième armée allemande de Von Hausen, manœuvre en retraite avec toute l'armée française, selon le plan ordonné par Joffre.

Voici ce que Jacques Isorni[1] dit de ces combats :

« A la gauche de la IVème armée, le 9ème corps du Général Dubois, ayant sous ses ordres la 17ème division du général Humbert (la division Marocaine), s'était postée au sud-ouest pour couvrir l'armée dans la région de Boulzicourt. Il opérait dans une région difficile, resserrée entre de vastes zones boisées, la forêt de Froidmont et la forêt de Signy. Il avait pour mission de barrer la route de Mézières à Rethel ».

« L'attaque partit de la forêt du Hailly où les avant-gardes de Von Hausen s'étaient rassemblées. La lutte prit un caractère de violence extrême entre Dommery et

---

[1] J. Isorni Histoire Véridique de la Grande Guerre Paris 1968

Signy-l'Abbaye, dans le petit village qui porte un nom de rêve rural, La Fosse à l'Eau, et au lieu-dit de Mésancelles ».

Le village de Dommery sera occupé, perdu, puis repris à la baïonnette[1]. Les charges héroïques de la division marocaine enlevèrent au corps à corps les points d'appui des Saxons autour de la Fosse à l'Eau. Mais à quel prix !

« Sur les six bataillons de la 2ème brigade, 1er et 2ème régiments mixtes de zouaves et de tirailleurs, quatre commandants furent tués, un blessé ». Deux colonels et tous ses chefs de bataillons de tirailleurs périrent sauf un.

Ces bataillons d'infanterie coloniale, officiers en tête, montèrent à l'assaut de positions défendues par des mitrailleuses, et les enlevèrent à la baïonnette. Sacrifices sans compter où périrent trop de zouaves vêtus de blanc, d'officiers aux tenues éclatantes. Les Allemands se souviendront plus tard de ces hommes montant vers eux, mais empêtrés dans les lignes de bail[2], cibles trop visibles dans la verdure de cette fin d'été.

A partir de minuit, la division du Maroc se retira vers Attigny, ne laissant qu'un bataillon qui livrera le 29 un dernier combat sanglant avant de décrocher.

« La division Marocaine laissa sur le terrain 50 officiers et 3000 hommes (dont 1000 tués). Des lignes entières de tirailleurs debout avaient été fauchées à la mitrailleuse ». Les Saxons perdirent 600 tués, la route de Paris ne serait pas si facile à ouvrir !

Malgré le prix payé, cette journée est présentée comme un succès car elle ralentit l'avance ennemie. Mais ce résultat ne pouvait suffire à enrayer un repli général. Les

---

[1] S. Duchénois L'affaire de La Fosse à l'Eau, Août 1914 Terres Ardennaises N°35 p. 51-56

[2] Voir le glossaire en annexe

29 et 30 Août, la division Marocaine, éprouvée, livra les derniers combats pour défendre Rethel sur le plateau de Bertoncourt.

C'est la retraite en bon ordre :

Dans la nuit du 30 au 31 Août, Joffre ordonne le repli sur la ligne Reims-Vouziers. Rethel sera investi dès le 1er Septembre, ainsi que notre canton.

FIGURE 33 - FERME DE STE LIBERETTE

Les soldats Français isolés dans la zone occupée doivent se rendre, faute de quoi ils seront considérés comme espions et fusillés. Cela aura des conséquences dramatiques à Chaumont en 1915.

L'occupation devait durer quatre longues années, puisque Chaumont et Rocquigny ont été libérés le 6 Novembre 1918, cinq jours avant l'armistice. Occupation très dure, plus dure, au dire des témoins que celle de la deuxième guerre mondiale. Les populations sont soumises à l'ordre militaire. Tout écart est lourdement réprimé : fortes amendes payables en marks, incarcération pour des délits mineurs, condamnations à mort pour ceux qui enfreignent les « lois de la guerre » selon l'occupant.

La population dans son ensemble, hommes et femmes confondus, est patriote, et résiste quotidiennement tant qu'elle peut. Elle montre à l'occasion un héroïsme « qui allait de soi » à cette époque.

Nous évoquerons seulement la situation des soldats français réfugiés dans les fermes jusqu'en 1918, refusant de se rendre, risquant la mort, pour eux-mêmes et pour leurs hôtes. Ces récits, bien qu'éclairants, n'ont pas leur place dans un court ouvrage général, et méritent d'être le seul sujet d'une publication séparée.

Cependant, nous évoquerons l'affaire du docteur Fréal, de Chaumont-Porcien, fusillé pour avoir soigné des soldats français cachés par la population. Ils avaient été, pour certains, coupés de leurs corps pendant la retraite d'août-septembre 1914[1], pour d'autres, rescapés d'une patrouille du 17ème régiment de chasseurs à cheval, envoyée en reconnaissance entre les lignes ennemies le 13 septembre 1914, et accrochée par les Allemands à Remaucourt[2]. Ayant eu plusieurs tués et blessés, les survivants se dissimulèrent dans les bois, ravitaillés par des habitants héroïques. Notamment, huit soldats se retranchèrent dans une cache de cinq mètres sur trois dans les bois du Radois où ils étaient ravitaillés par les civils au péril de leurs vies et malgré les réquisitions incessantes des Occupants en nourriture. Une bougie allumée sur le rebord d'une fenêtre de la ferme de « La Folie » par Madame Mennessier leur signalait que la voie était libre. Si elle était éteinte, il fallait rester caché.

---

[1] PG Lefebvre   Ensemble N° 3 pages 19-23 Caisse Locale de Crédit Agricole Mutuel de Chaumont-Porcien. Article très documenté qui nomme, en particulier, les personnes impliquées

[2] Pierre Henriet Maréchal des Logis « Aventure d'une patrouille du 17ème régiment de Chasseurs à cheval »

Au cours d'une battue aux lièvres effectuée par les Allemands le 15 juin 1915 leur cache fut découverte. Deux soldats qui n'avaient pu fuir furent pris et fusillés le 18 juin à la ferme de Sainte Libérette[1]. Madame Mennessier, de La Folie, mère de quatre enfants, mari mobilisé, qui s'était dénoncée publiquement pour avoir secouru, seule, les soldats, fut condamnée à dix ans de forteresse[2]. En fait, elle n'avait pas agi seule, mais les Allemands fusillaient moins les femmes.

Les autres se dispersèrent et se cachèrent dans les bois ou chez l'habitant à Waleppe, La Hardoye, Remaucourt, Givron. Mais l'un deux[3], Noël, caché dans une cave à Forest finit par « craquer ». Le 2 novembre 1916, pris de folie et hurlant « je suis le Kaiser » il sortit de sa cache, et ira se livrer à l' « Autorité Allemande », à la suite de quoi le juge de guerre (Herr Richter) surnommé « la Perruque » fit arrêter plus de cinquante personnes, dont les hébergeurs de Noël, Monsieur et Madame Lantenois. Il y eu une instruction et un « procès ». Le docteur Fréal qui avait soigné des militaires et qui tenait un carnet fut inculpé d'espionnage et fusillé le 17 Avril 1917 au fort d'Hirson. Un autre inculpé, Monsieur Boudsocq, s'évada et se pendit pour échapper aux « interrogatoires ». Quatorze civils qui avaient ravitaillé ou hébergé les soldats furent lourdement condamnés et déportés. La commune de Fraillicourt fut taxée de trois mille marks d'amende, garantie par cinq otages. Les condamnés rentrèrent le 1er décembre 1918, sauf Madame Herbert décédée à Siebourg en Allemagne, Monsieur Rapp de Forest et Monsieur François de Waleppe morts en prison.

Le soldat devenu traître n'arrêta pas là ses méfaits. Il dénonça un camarade à Waleppe qui résista à l'arrestation et fut sérieusement blessé. Noël, rejoint par un autre individu nommé Vuillaume, fut encore à l'origine de l'arrestation d'un camarade à Hannogne

---

[1] Cavalier éclaireur Maurice Suvareau du 17ème Chasseurs et trompette Poix du 8ème Cuirassiers

[2] Récit de Monsieur Frenand Mennessier du 8 septembre 2002.

[3] Récit du Maréchal des Logis au 17ème régiment de chasseurs à cheval Pierre Henriet

le 14 juin 1917, et de cinq autres à Banogne. On ne sait ce qu'il advint de ces braves qui encouraient la mort.

Le 18 mai 1919 Madame Marguerite Mennessier reçut la Croix de Guerre avec palmes devant un détachement de troupes qui lui rend les honneurs... et les traîtres furent internés au camp de Châlons sur Marne en janvier 1919. Nul ne sait ce qu'ils devinrent.

MADAME MENNESSIER REÇOIT LA CROIX DE GUERRE

Les occupants ordonnaient des réquisitions quotidiennes : denrées comestibles, orties pour faire de la filasse, métaux comme le cuivre, le nickel et le bronze (les cloches furent enlevées et fondues), objets de toute nature, ustensiles de cuisine, literie, boutons de porte... La population cache quelques biens pour se nourrir. Les hommes, les femmes, les jeunes, ne pouvant justifier d'une occupation, des civils déplacés venus du nord sont requis pour les travaux agricoles. Encadrés par des soldats allemands, baïonnette au canon, ils forment « la colonne » et sont emmenés dans les champs travailler pour l'ennemi...Les forêts de Signy et de Saint Jean sont mises en coupe réglée, pour fournir le bois qui soutient les tranchées.

Les communications sont coupées avec le reste du monde. Il est interdit de quitter son village ; les pigeons, suspectés de porter des messages, sont abattus[1]. Les populations sont mises à l'heure allemande, au propre comme au figuré.

L'armée d'occupation est tatillonne : volailles, lapins, cochons, vaches et autres animaux domestiques sont comptés et déclarés en mairie. Ils doivent fournir leurs quotas d'œufs, de porcelets, de lait, de beurre… Il reste peu de chose au propriétaire qui ne parvient pas à tricher…

Les habitants sont contraints de loger les soldats, et en sont réduits au minimum pour vivre. Les unités changent souvent. Le canton est une zone de repli, où les troupes épuisées viennent se refaire une santé avant de retourner au front. A Rocquigny, en avril 1915, le Kaiser Guillaume II en personne, viendra soutenir le moral des militaires.

La Kommandantur est installée à Chaumont, puis à Rocquigny, avec une gendarmerie zélée et brutale, et une prison où fut incarcéré le docteur Fréal pendant son procès. A Adon le commandement s'est invité dans l'actuelle maison de M. JM Millart ; les habitants sont relégués dans un vieux bâtiment en face. A Doumely les Allemands gardent des déportés Roumains réfractaires, donc sans statut. Ceux-ci mal nourris disputaient l'avoine aux chevaux dans les mangeoires, en cachette des paysans Français, qui feignaient de l'ignorer ; car ils risquaient la mort pour complicité.

Enfin, après quatre ans de combats acharnés, le sort des armes tourne en faveur des Alliés. Après leur reflux sur la Marne en Juillet 1918. Les Allemands sont refoulés des positions fortifiées de leur première ligne de défense (ligne Hindenbourg[2]) Puis leur

---

[1] P. Gielen citant O. Poquet Le Porcien à l'heure allemande, le village de Rocquigny pendant la guerre 1914-1918, Terres Ardennaises N°14 p. 27-31

[2] La ligne de défense construite par les Allemands connue sous le nom de ligne Hindenbourg, était en fait composée de trois lignes fortifiées.

deuxième ligne de défense, qui passe par la Serre, le coude de l'Aisne devant Rethel et les retranchements de l'Argonne, est attaquée le 18 septembre. Banogne, et l'ouest du canton qui étaient inclus dans cette ligne fortifiée sont complètement détruits. Mais pour Chaumont la délivrance est proche.

Le 25 Octobre, les divisions du général Guillaumat avancent en direction de Château-Porcien, malgré une forte résistance des Allemands. Le 26 Octobre, la ligne Banogne Herpy est atteinte. Le 30 Octobre la 5ème armée est à Saint Fergeux.

En début Novembre, les offensives alliées percent le front vers Valenciennes et vers Sedan, enfermant les forces allemandes. Hindenburg est contraint de donner l'ordre de repli sur la ligne Charleville-Rocroi-Gand où sera finalement signé l'Armistice.

Les Allemands décrochent alors rapidement, se contentant de faire sauter les ponts, comme celui du ruisseau de Saint Fergeux à Seraincourt et celui de la Malacquise à Rocquigny, et de miner les carrefours. Les destructions massives s'arrêtent à Hannogne, à 12 kilomètres de Chaumont. Quelques dégâts néanmoins, le cœur de l'église d'Adon a été traversé par un obus ; il subsistait encore il y a quelques années des trous d'obus en lisière des Bois Jacques.

Le 5 Novembre, la 5ème armée de Guillaumat prend Château-Porcien, le 6 elle atteint Chaumont avec le 1er Bataillon de Chasseurs à Pied, et dès le 8 s'installe sur les hauteurs de Mézières.

Le 11 Novembre à 11 heures prend fin la terrible épreuve ; la Grande Guerre s'achève pour des combattants exténués. A Chaumont et Adon 23 de ceux qui étaient partis à la guerre ne verront pas la Victoire.

Figure 34 - Banogne en 1913

Figure 35 - Banogne en 1918

1939-1945 - Deuxième guerre mondiale

En 1939, les troupes françaises sont cantonnées dans les Ardennes, pendant la « drôle de guerre ». A Chaumont, on loge des troupes d'infanterie coloniale. Les derniers ouvrages de la ligne Maginot sont à La Ferté, vers Carignan. Au-delà, la forêt est censée protéger la frontière.

Figure 36 - L'evacuation

Le 10 Mai 1940, les armées allemandes attaquent sur la Meuse et, appuyées par l'aviation, la traversent à Sedan et à Monthermé. Puis c'est la percée des panzers vers la Manche. Fuyant l'avance des armées ennemies, un flot de réfugiés belges, ardennais de la vallée de la Meuse et de Charleville envahit Chaumont dès le 13 Mai. Ils dorment dans les rues, dans les granges, chez l'habitant. La maison Pierlot en compte 25 couchés par terre dans les chambres et dans la cuisine. Certains réfugiés âgés, recrus de fatigue, n'iront pas beaucoup plus loin. La panique s'étend. Le 15 Mai au matin, les Chaumontais qui ont reçu leur première bombe, évacuent à leur tour. Au soir le village est vide[1]. Beaucoup se souviennent des atrocités commises par les Allemands dans les territoires envahis en 1914 et de la dure occupation qui s'ensuivit, ils préfèrent s'enfuir.

---

[1] Au soir du 15 mai, seules sept personnes seraient restées sur place : M. et Me Décary, M. et Me Justine et le jeune R. Leguay, le peintre Marius et M. Martin

FIGURE 37 - 1940 CHAR RENAULT B1 BIS DU SOUS-LIEUTENANT HENRION[1] DETRUIT A MONTCORNET
Archive famille Henrion

Ils partent sur les routes en direction des départements d'accueil, Vendée et Deux-Sèvres. Certains s'en vont à pied en poussant une voiture à bras ou une brouette, d'autres en vélo, les mieux lotis en auto. Les agriculteurs entassent leurs biens sur leurs chariots et y attellent leurs chevaux. Le maire de Chaumont, M. Oudet, réquisitionne le camion des pompiers pour évacuer 22 personnes dont une femme enceinte qui accouchera 6 jours plus tard. Les plus prévoyants enterrent leurs biens les plus précieux, quelques pièces d'or, des bouteilles… renouant ainsi avec une pratique millénaire[2]… Certains n'arriveront pas à destination ; à cause des mitraillages sur les routes, par maladie, mais aussi parce que les colonnes s'égrènent sur le chemin.

---

[1] Char Sampiero Corso détruit à Montcornet le 17 mai 1940 par un obus tiré à 2400 mètres avec huit hommes à bord, son équipage et l'équipage d'un char en panne :

Chef de Bataillon BESCOND	Sous-Lieutenant HENRION
Sergent VAILLE	Sergent MOUSSET
Caporal DURAND	Chasseur LAUXEUR
Chasseur ROBELET	Chasseur RICHARD

[2] On a retrouvé dans la région plusieurs « trésors » de vaisselles et orfèvrerie, cachés sous terre au moment des invasions, notamment d'époque gallo-romaine lors de l'invasion vandale.

Par exemple, suite à ces déplacements forcés, dans ma propre famille, on comptera une naissance dans le Loiret, une naissance et un mariage dans le Cher, et un égaré dans le vignoble saumurois.

L'avance de l'ennemi étant excessivement rapide, les attardés n'ont pas le mal d'aller bien loin ; M. et Me Décary partis à pied le 16 mai sont rejoints dès Seraincourt par les Allemands et contraints de retourner chez eux.

Pendant la retraite, un avion anglais bombarde la place de Chaumont où stationnaient des chars allemands. Un soldat allemand et plusieurs réfugiés belges sont tués. Ils sont enterrés au fond du cimetière. Plusieurs maisons autour de la place sont détruites. Trois soldats Français sont tués à Wadimont. Un avion français qui participait aux combats autour de Montcornet va s'écraser sur les Côtes de la Hardo0ye avec deux hommes à bord[1].

Figure 38 - 1940 De Gaulle et Paul Reynaud

Le 15 Mai, une brèche importante est ouverte entre les armées qui 00défendent la Meuse à Dinant et à Sedan. Les panzers de Guderian sortent de la poche de Sedan et ceux de Reinhardt

---

[1] Bréguet 691 n° 20 de la 54ème escadre, sous-lieutenant Georges Chemineau, sergent Claude Guichon

brisent le verrou de Monthermé qui les a contenus trois jours, foncent vers l'ouest, passent par Liart, le nord du canton, Mainbressy, Rozoy et atteignent Montcornet, 60 kilomètres plus loin. Il ne faut que trois heures aux éléments de reconnaissance allemands pour parcourir les 30 kilomètres entre Liart et Montcornet, qu'ils atteignent à 20 heures

Les unités françaises de la IXème armée, disloquées et sans moyens suffisants, n'opposent aucune résistance organisée, sauf à la Horgne[1] où les Spahis se sacrifient. La « ligne d'arrêt » de Rocroi à Signy l'Abbaye fixée par le commandement français est dépassée par les Allemands avant de pouvoir être défendue. Les généraux cherchent leurs troupes, les troupes cherchent leurs PC ou attendent les ordres. C'est la pagaille sur les routes encombrées de réfugiés.

Le 16 mai, un colonel alors inconnu « de Gaulle » reçoit l'ordre de contre attaquer vers Montcornet avec son groupement blindé qui venait d'être formé (4ème Division Cuirassée) pour couper de leurs arrières les colonnes ennemies très avancées, mais sans aviation et confronté à des forces supérieures, il n'obtient pas grand résultat. Les abords du Lislet et de Montcornet, atteints par les chars le 17 mai vers midi, seront perdus dans la journée suite aux attaques combinées de l'aviation et de l'artillerie allemande. Au soir du 17 Mai, les panzers se seront arrêtés 48 heures et pourront repartir vers la Manche. C'est une catastrophe, le front français est enfoncé. Le gouvernement pris de panique remplace le 19 mai le généralissime Gamelin par Weygand, mais le mal est fait...

---

[1] Le 15 mai 1940, le 2ème régiment de spahis algériens et le 2ème régiment de spahis marocains mirent pied à terre dans le petit village de La Horgne pour barrer la route à la 1ère division blindée de Guderian. Retranchés dans les ruines du village, ils tinrent 10 heures contre des forces bien supérieures en matériels et en hommes, et perdirent 700 hommes tués ou disparus, dont les 2 chefs de corps colonel Burnol et colonel Geoffroy. Les Allemands perdirent 12 chars et une centaine d'hommes.

Un monument commémoratif a été érigé au croisement des routes de Dizy le Gros et de Laon.

L'écrivain allemand Ernst Jünger, le 29 mai 1940, alors officier de la Wehrmacht, traverse le canton avec sa compagnie, par Doumely, Adon, Chaumont, Wadimont, Fraillicourt et note dans son journal[1] « Dans le premier village que nous traversons, à Adon, des tombes toutes fraîches sur la place, où une cuisine roulante avait, la veille, distribué la soupe à la lumière, donnant ainsi à un avion l'occasion de lâcher ses bombes. Trente-deux morts; lambeaux d'uniformes dispersés ».

En fait, c'est à Chaumont que des soldats allemands furent provisoirement enterrés, sur la place, autour du monument aux morts, avant d'être ramenés dans leur patrie.

Le 8 Juin, l'état-major français essaye de contenir l'ennemi au-delà de la Somme et de l'Aisne. Les Allemands attaqueront cette dernière ligne le 9 Juin autour de Rethel et de Château-Porcien et malgré la défense acharnée des forces commandées par le général de Lattre de Tassigny perceront définitivement le front le 11 Juin. Rethel est détruit. C'est la fin, bientôt les armées de la ligne Maginot seront tournées et forcées de se rendre.

Les agriculteurs qui avancent au pas des chevaux arrivent en Vendée, l'armée allemande sur les talons. Les Vendéens veulent s'enfuir en Espagne. L'armistice arrête tout. Ils resteront sur place, aidant aux travaux des champs jusqu'au printemps 1941, où peu à peu ils tenteront de regagner leurs villages. L'Aisne marque la frontière entre la zone occupée et la zone interdite, sur la rive droite. Il n'est normalement pas possible aux habitants qui ont quitté cette zone d'y retourner. En fait, les autorités allemandes laissent faire, et les Ardennais, par petits groupes, franchissent l'Aisne et retrouvent leurs maisons. Mais dans quel état : les réfugiés, les soldats français en

---

[1] Journal de guerre 1939-1945

déroute, les troupes ennemies sont passées par là, et ont détruit et pillé tout leur comptant. Vaisselle, outils, linges ont disparu. Les armoires en chêne ont servi à faire du feu. Une partie du bétail a trouvé refuge chez ceux qui étaient restés.

Ci-après la petite histoire de trois sœurs qui prirent le train du retour en Juillet 1941, terminus Sault les Rethel. Là, elles essayent de passer le pont de l'Aisne, mais sont refoulées plusieurs fois. Elles dorment dans l'école. Un jour, un homme leur propose de leur faire traverser le pont un certain jour, à une certaine heure, quand une sentinelle Alsacienne serait de garde. Mais elles devaient lui confier leurs valises. Le doute à l'esprit, elles lui confient leurs biens, et franchissent le pont sans encombre. L'homme était bien au rendez-vous, sur le parvis de l'église Saint-Nicolas, avec les valises. Il ne voulut accepter aucun argent. Les Rethélois sont exacts et désintéressés !

Pendant l'occupation, les Allemands réquisitionnent les terres par la W.O.L.[1]. Ils y plantent des betteraves et des choux navets et contraignent les Français à y travailler à côté de déportés Polonais. Les bornes sont enlevées, ce qui produira la confusion à la Libération, lorsque chacun voudra récupérer ses terres. Il y a un chef de culture à Chaumont qui loge dans l'actuelle maison de M. Jean Deligny.

Le 30 Août Reims est libéré par les Américains du général Patton. Le 31 ils sont à Rethel, qui n'est pas défendu, et, dès le 2 Septembre à Liart. Tout va donc très vite, le 3 septembre les blindés américains accompagnés par les FFI entrent à Charleville.

Mais la Libération connut ici aussi son lot de deuils. Avant de se retirer, les Allemands voulurent en finir avec la Résistance locale à Wadimont. M. Canard, témoin des événements, nous raconte que : « le 30 Août, veille de la Libération, des soldats allemands firent croire qu'ils se rendaient. Trois jeunes résidant à Wadimont voulurent récupérer leurs armes et tombèrent dans un piège, car une colonne ennemie les

---

[1] LA W.O.L. (WIRTSCHAFTSOBERLEITUNG) désigne l'administration allemande qui dirigeait en zone interdite française les exploitations agricoles, sur le modèle et l'expérience de l'*Ostland* en Pologne.

attendait. Deux furent fusillés sur place, non loin de la Malacquise où une stèle a été érigée ».

En Février 1945, lors de la dernière offensive allemande dans les Ardennes, on entendra encore tonner le canon de Bastogne.

Promenade cadastrale

Allons nous « balader » parmi la campagne bocagère et évoquons le passé et les travaux des hommes en longeant des lieux-dits aux sonorités étranges, témoins d'une langue qui n'est plus comprise aujourd'hui. Pour cela, saisissons nous de l'ancien cadastre, celui de 1980, remembré, n'étant d'aucune utilité pour notre propos.

- ⇨ Le Luteau du latin lutum, boue, limon, plus diminutif ellum, ou encore de l'huteau, cabane, baraque, petite maison (voir hutte)

- ⇨ Les Rainages, la Fontaine aux Reines de Rana, grenouille

- ⇨ Le Balossier, le Balasson, du latin populaire Bullucia, prunier. Le terme est toujours employé.

- ⇨ Le Long Setier (se prononce le lon ch'tî). Le cadastre aurait été mieux inspiré d'enregistrer « Le Long Sentier » qui a un sens cohérent

- ⇨ Le Sazy de Salix, saule

- ⇨ Le Franc Fils (pour le Franc Fief qui se prononce le fran fî), se disait d'un fief concédé sans service au seigneur tel que garde au château, présence au tribunal...Le lien vassalique était concrétisé par le versement au seigneur d'une modeste somme d'argent

- ⇨ Le Melier nom dialectal du néflier

- ⇨ Pagan du latin Paganus, païen. A donné en Français paysan. Ce hameau fut-il le dernier refuge du paganisme ?

- ⇨ Mauroy du Francique Maresk, marais, désigne un hameau de Chaumont

- ⇨ Le Mont de Caillouët (ou Callouet) de caillet, noix ou caillotier, noyer en dialecte champenois

- La Pichelotte   une petite source, littéralement la pissette

- La Maladrerie   désigne une ancienne léproserie

- Les Bousseaux   nom dialectal du saule, encore employé

- Le Troëne Cau   (se prononce tron'ko) de deux noms d'arbre, le troëne et le coudrier (noisetier), en dialecte cau du latin corulus. Troëne pour tron' semble bien trop « Français »

- La Hutte   du Francique Hütte qui désignait une maison forestière

- Daufaux   Patronyme inconnu, suffixe faux : hêtres du latin fagus

- Le Grand Courty, le Courtil la Brune, le Courtil Bruny, le Courtil Forget... du bas latin cohortile, qui désignait en ancien Français le jardin attenant à la ferme

- Les Coutures   du bas latin Constura, qui désignait au Moyen Age les terres fertiles

- Le Tronchois   Désignait une terre où les arbres avaient été coupés sans enlèvement des souches

- Le Cessier nom dialectal du merisier, encore employé

- La Huche   La porte en dialecte local

- La Terre à Canne   terre aux roseaux du latin canna (roseau)

- La Culerie, la Culée Cochet   désignent l'extrême limite du défrichement.

- La Mouilly   du latin Molliare, mouiller. On appelait en vieux Français « mouille » une source qui ne faisait que suinter dans une prairie

- ⇨ Le Ploy qui désignait en ancien Français une clôture de branches entrelacées

- ⇨ Le Clet barrière de bois (les « clayes » clôturaient les champs)

- ⇨ La Pigasse contraction de pie et agace, qui est le nom dialectal de la pie (adage ardennais « les corbeaux ne font point d'agace »)

- ⇨ La Rondiole dérivé de ru, désigne le petit ruisseau qui coule à Adon

- ⇨ La Mouchetterie Désigne un rucher, l'abeille étant « mouche » en dialecte

- ⇨ Côte des Vignes Exposée au soleil, on y cultivait la vigne pour faire du vin

A la fin de ce parcours à travers les 3596 hectares des terroirs de Chaumont et Adon, reposons nous à l'ombre d'un cessier ou d'un balossier, et méditons sur quelques toponymes étranges. Trois lieux-dits nous interrogent : Belouma, Solfa et Pagan. Belouma peut signifier « Bois Louma » ; il y a bien un Belivoir à Adon qui figure comme « Bois Livoir » sur le cadastre. Mais Louma n'est pas un patronyme local. Solfa peut signifier « solfège », mais on ne joue pas d'instruments de musique sur les côtes de La Hardoye ; ou encore signifier sol fangeux, mais le sol est sec sur la côte.

Alors, puisque l'« ouvrage est faite »[1], laissons courir notre imagination. Le soir tombe au solstice d'été d'une époque reculée. Nous sommes à Belouma[2], sur la crête, où des femmes s'activent auprès d'un brasier. Au loin, dans le crépuscule flamboient les feux

---

[1] L'expression désignait les soins que les cultivateurs apportaient aux bêtes chaque matin et soir, nettoyage, nourriture, traite, etc.

[2] Il est tentant de voir dans Belouma, Belisama, compagne de Bélénos, la Minerve gauloise, qui a donné son nom à Bellême (61)

allumés sur les côtes à Solfa, dédiés au soleil Belenos, puis ceux du Mont Chauve, et à l'horizon ceux des monts de Sery. Et plus bas, depuis le vallon de Pagan, montent les chants de ceux qui seront les derniers païens.

ANNEXE 1 Le GR122

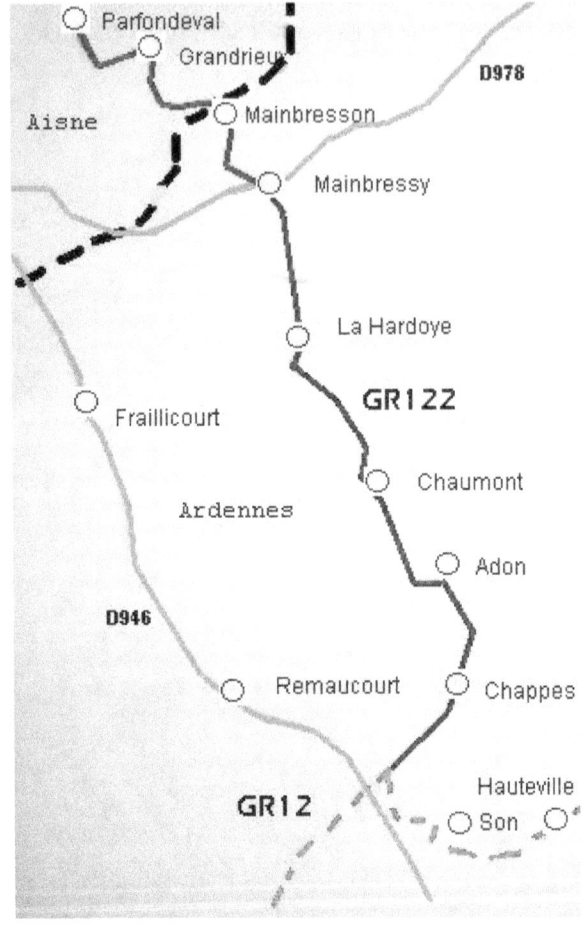

FIGURE 39 - LE TRACÉ DU GR122

Le chemin de Grande Randonnée GR122 traverse le canton, venant de Bruges, le Nord et l'Aisne, par Rozoy, Parfondeval, il entre dans le département des Ardennes à Mainbresson et s'étire sur 22 kilomètres, dont 17 de chemins non goudronnés.

A Mainbresson, il emprunte le chemin creux qui gagne la crête au dessus de la vallée de la Serre à 250 mètres d'altitude, puis atteint Mainbressy.

Il prend une petite route goudronnée qui passe par la Cense Boudsocq et atteint La Hardoye.

Il traverse La Hardoye et gagne le chemin vicinal qui mène à Chaumont-Porcien en passant par les Côtes; superbe point de vue sur le bocage.

A Chaumont-Porcien, il escalade la butte de Saint Berthauld, où on peut prendre du repos à l'aire de pique-nique aménagée, et visiter la chapelle ; très beau panorama sur Adon, les Monts de Sery et Châtigny ; ensuite il redescend vers le cimetière.

Là, il emprunte un chemin d'exploitation qui conduit au bas d'Adon. Au croisement d'Adon, il prend le chemin vicinal vers Chappes, et monte la côte ; magnifique point de vue en direction de Doumely.

Il redescend sur Chappes, traverse le village, et remonte sur le plateau crayeux où il rejoint le GR12. Le GR12 vient de Paris, passe dans le département par Sery, Signy l'Abbaye, et Rocroi, puis gagne la Belgique et Bruxelles.

ANNEXE 2 A voir aux alentours

Chaumont	Les chapelles de Sainte Olive et de Saint Berthauld
Doumely	Château classé du XVème siècle
Fraillicourt	Eglise fortifiée classée, tour porche du XIIIème siècle, tourelles en encorbellement
Justine	Le moulin à eau sur la Vaux
Mesmont	Le château
Rocquigny	Eglise fortifiée du XVIIème siècle
Sery	Les Monts, beau panorama, emplacement d'un ancien camp romain du Bas Empire
Saint Jean aux Bois	Halle à pans de bois
Wasigny	Maison forte, halle à pans de bois

Figure 40 - La halle de Wasigny

Figure 41 - Eglise fortifiee de Fraillicourt

ANNEXE 3 Epigramme d'Aubilly

Charles d'Aubilly, seigneur protestant, fit transcrire ces vers ironiques sur la cheminée de l'ancienne chambre abbatiale, après avoir obtenu le transfert de l'abbaye sur le territoire de Remaucourt (d'après Jadart et Manceau) :

>Jadis le saint père Berthault
>
>Chassoit les diables d'icy haut
>
>Mais bien plus fort fut d'Aubilly
>
>Qui chassa St Berthault d'icy
>
>Il faut bien garder le retour
>
>Que St Berthault ne vienne un jour
>
>Chasser d'Aubilly à son tour

ANNEXE 4 Glossaire local
A ma grand-mère Camille Maquet

Plus de 200 mots de dialecte tel qu'il est encore employé dans le canton. Certains termes sont plutôt du vieux Français conservé dans les campagnes. Le lecteur amateur appréciera leur saveur d'un autre âge.

Bien des mots très expressifs n'ont pas d'équivalent strict en Français, ce qui explique leur persistance dans la langue (nareux, chouter, darne, etc.). Nous avons néanmoins proposé une traduction, si possible humoristique, grâce aux images que ces mots évoquent[1].

Animaux

A caballo	Accouplé (comme les grenouilles à la fraye, de l'Espagnol caballo cheval)
Agace	Pie
Agis	Habitudes de déplacement des animaux (ou des hommes) « il connaît les agis »
Bacoulette	Belette
Bêche-bois	Pic vert
Bêcher	Donner des coups de bec
Bile	Oie
Bilo	Jar
Bran	Excrément
Burler	Mugir (le taureau burle)
Buseau, busieau	Tuyaux de plumes qui restent après avoir plumé une volaille

---

[1] Remerciement à M. JM Millart, expert en patois, pour ses précieux conseils.

Cadot	Sabot d'un animal
Clousse	Poule avec ses poussins
Culot	Le dernier né d'une portée. Péjoratif lorsqu'il s'agit du cadet d'une famille
Emouchet	Buse
Flatte	bouse de vache
Gérâ, gérard	Geai
Gouri	Cochon d'Inde
Hoche-queue	Bergeronnette
Joug, jouquer	Jouquer se dit d'une poule qui dort au poulailler perchée sur un bâton, le joug
Mâlo	Bourdon
Marou	Chat mâle
Marouter	Se dit d'un chat à la saison des amours
Mines	Aoûtats
Mouches	Abeilles
Ragoter	Remuer, s'agiter, faire un bruit incessant (grignoter gratter) comme un rat dans un grenier

Plantes

A casse	Se dit d'un arbre trop chargé en fruits, dont les branches risquent de casser

Balosse, Balossier	Prune, prunier
Boule	Bouleau
Boussault	Saule marsault
Cesse, cessier	Merise, merisier
Chiche	Pomme sauvage
Coupette	Cime (d'un arbre)
Echardron	Chardon
Echaudures	Orties
Mele, melier	Nèfle, néflier
Peuplî	Peuplier
Porcau	Poireau
Rétri	Se dit d'un fruit fripé (par ex. desséché)
Retricher	Repartir du pied, faire des rejets, pour une souche
Tignon	Capitule de la bardane qui s'accroche aux vêtements
Verne	Aulne

Terre eaux et paysages

Berlée	Averse
Berne	Le bas-côté de la route

Blauche	Motte de terre
Cliffer, cliffe	Eclabousser, éclaboussure
Détriocher	Rendre à la culture un triot
Dévers	Pente d'un talus
Drache	Averse, pluie violente
Dracher	Pleuvoir à verse (ça drache) du Holl. Draschen pleuvoir à verse
Fraichis	Dépression humide
Gloye	Flaque d'eau boueuse
Hôle	Talus séparant deux terres, créé par le labour des terres en côte (ailleurs orle)
Mouziner	Bruiner
Mouzinerie	Bruine, petite pluie
Ressuyer	Une terre se ressuie lorsqu'elle s'égoutte
Rhâler	Sécher par le vent (re-hâler)
Rhâles de Mâr	Vents de Mars
Triot	Terre inculte rendue aux épines et autres espèces sauvages
Versaine	Jachère
Veule	Une terre veule est une terre meuble
Wache	Flaque d'eau

Le corps et les vêtements

A purette	Etre en «maillot de corps » en « Marcel »
A tortin	Mettre les chaussures à l'envers, le pied gauche à la place du pied droit
Boudine	Nombril, par extension le ventre
Camisole	Chemise, corsage porté par les femmes
Cotte	Robe
Doye, doyette	Doigt, petit doigt (de pied)
Gonelle	Gueule
Margoulette (casser la …)	Gueule
Niouf	Museau, nez
Pagnau	Bas de la chemise des hommes
P'tiot, p'tiote	Petit (garçon), petite (fille)
Règne	Epidémie
Souyié	Soulier
Soyettes	Croûtes de lait des enfants

Outils

Ablots	Bois servant à caler la mécanique du pressoir
Anchette	Entonnoir
Bail, bailler	Clôture, clôturer
Baneau	Petite benne
Barou	Tombereau
Baroutin	Petit tombereau
Baunette	Petite fenêtre
Bayard	Grand râteau à foin
Berloque	Breloque
Berloquin (tout le)	Fourbi (tout le)
Broche	Robinet du tonneau
Buau	Etui pour ranger la pierre à affûter (le verziau)
Buse	Tuyau de poêle
Cafut	se dit d'un outil foutu, bon pour la réforme. Quand il est appliqué à un homme d'âge mûr, c'est beaucoup plus drôle.
Clavette	Tige de fer actionnant le treuil d'un chariot (pour « brêler » par ex.)
Cliche	Clenche
Ecli	se dit d'un tonneau, d'un volet ou de tout autre objet dont les bois sont secs et disloqués
Entiche	Tige de bois servant à marquer un emplacement

Epasse	Division de la grange, travée
Etiquot	Longue tige de bois, servant par exemple à ramer les haricots
Ferloque	Loque, chiffon pouvant servir de serpillière
Fouene, fouine	Fourche
Glacier	Evier de pierre, par extension pièce froide contenant l'évier
Hoyau	Petite houe, pioche pour le jardin
Huche (froum l'huche)	Porte (ferme la porte)
Loque (passer la loque)	Serpillière (passer la serpillière)
(rc)Loqueter	Passer la serpillière
Vernes	Sous l'avancée du toit (mettre les haricots sous les vernes).
(se) Verner	Se mettre sous les vernes (par ex. les loirs en automne)
Verziau	Pierre pour affûter la faux
Wassingue	Serpillière

Le ressenti

Abauter	Epier, regarder derrière les rideaux

Arlan	Homme de rien buveur et goinfre, du Comte d'Erlach soudard qui sévissait pendant la Fronde
Arpette	Gamin, également apprenti
Avaleux	Goinfre ou ivrogne
Babiller, babilleux	Bavarder sans fin, perdre son temps en bavardages oiseux
Benaise	Bien aise, contentement physique
Bileux	Qui se fait de la bile, inquiet
Braque	Personne cassante, brutale dans ses relations avec autrui
Brisac	Personne qui casse tout
Cafouilleux	Personne qui parle confusément
Chouter, chouteux (de l'Allem. schauen regarder)	Epier, observer en cachette, suivre du regard
Darne	Malaise avec mal de tête et vue brouillée, Rimbaud l'a utilisé dans ses poèmes
Darnissures	Eblouissements, vertiges
Dégobiller	Vomir
Déméfier	Méfier
Dire des contes	Dire des sottises
(s')empierger	Trébucher, se prendre les pieds dans un obstacle

Froidureux	Frileux
Gingin	Avoir du gingin, c'est avoir de la jugeotte
Gueux	Gourmand, de gueule
Las(se)	Employé à la place de fatigué(e), au sens de lassitude physique
Mal nailli	Maladroit
Maouner	Marmonner, grommeler, maugréer
Menteries	Mensonges
Mol	Mou
Nareux	Difficile pour la nourriture comme un cheval qui renifle avant de boire
Piquettes (avoir les)	Onglée
Réchupiller	Revigorer, rendre la vie
(se) rétaler	Tomber de tout son long
Rétu	Vigoureux
Se racafourner	Se renfermer chez soi, près du four, comme une vieille personne
Taugnée	Volée de coups, raclée
Tousilleux	Bricoleur sans efficacité
Tousiller	Activité du tousilleux

Vaillant	Dur au travail pour un homme, ou très productif pour un arbre fruitier

Les travaux

Abuder, s'abuder	Etayer, appuyer contre, s'appuyer
Ahoté	Embourbé
Accouvillî	Accroupi
Amoiller	Dresser les gerbes en cavaliers à la moisson
Aroyer	Tracer le premier sillon d'une terre avec la charrue
Atasser	Tasser
Brêler	Serrer avec une corde et un treuil, par exemple le chargement d'un chariot
Broyer	Casser, détruire
Budant, budé (terre budant une terre)	Une terre bordant une autre terre par le petit côté (voir royant)
Buquer	Cogner par ex. contre un mur
Bureau burieau	Tas de foin pour le séchage
Camper	Jeter, lancer (des pierres par ex.) ou dresser les gerbes à la moisson
Commis	Ouvrier agricole
Décaniller	Faire partir, déloger
Décrampiller	Séparer, démêler, décramponner

Déhoter	Se désembourber
Déroyer	Faucher le premier tour d'un champ
Grau (ça grau)	Ça s'égraine (les épis à la faucheuse par ex.)
Hosser	Secouer un arbre fruitier pour récolter (hosser les balosses)
Marner	Travailler dur, trimer
Moille	Tas
Monder	Nettoyer les bêtes
Racafourner	Entasser pêle-mêle des objets dans un racoin
Racafourniau	Racoin, réduit, cagibi, petit endroit peu logeable
Rafforer	Nourrir les vaches, les lapins (de foin)
Ramer (j'va t'ramer la gueule)	Donner un coup de rame (bâton), à un cheval rétif par ex.
Ramoiller	Rassembler en moilles ; pour une personne se replier sur soi, se recroqueviller
Ratasser	Tasser et retasser, comprimer
Ratourner	Faire demi-tour, revenir, retourner
Royant, royé (une terre royant)	une terre longeant une autre terre par le grand côté (la roye), vestige de l'assolement triennal, quand tout le monde labourait dans le même sens (voir budant)
Roye	Roie, Sillon

Toquer	Frapper à la porte
Tousiller	Bricoler

La nourriture

aines	Marc, déchet des pommes pressées
Badrée	Pâte à gaufres
Bûche	Baguette de pain
Charbonnée	Part du cochon qui vient d'être tué donnée aux proches, envoyée quelquefois par la poste quand les proches sont loin !
Clibot (œuf)	Se dit d'un oeuf pas frais, ou qui a été couvé, qui clibote (clapote)
Coquemar	Bouilloire
Couvert	Couvercle
Crapaud	Gourde en terre cuite
Créton	Lardon
Cugnon	Quignon (de pain)
Papinette	Cuiller de bois
Poëlon	Casserole
Rabotte	Pâtisserie faite d'une pomme entourée de pâte à tarte cuite au four
Rapasse	Mauvais café, repassé sur un ancien marc
Relaver	Laver (le sol, la table, la vaisselle) avec un torchon

Relavette	Torchon pour faire la vaisselle
Relavure	Eau de vaisselle
Retaille	Cidre de deuxième presse
Sauret	Hareng saur, ou personne sèche comme un hareng saur
Tantimolle	Crêpe

Expressions

C'est pas rien passec !	C'est pas rien vraiment !
Oh passec !	Oh alors ! (marque l'étonnement)
Houppeux	Sobriquet donné aux Chaumontais qui avaient l'habitude de héler leurs proches par des « houp houp » sonores
Nom dézo	Juron pour « nom de Dios »
Quasi	Utilisé constamment à la place de presque
Soissi (par ex. soissi v'la aut' chose !)	Cette fois-ci
Verrat (par ex. verrat d'jeunes)	Correspond à sacré (par ex. sacrés jeunes)
Bela, bela ben sûr	Manifeste l'approbation

Ah bela	Selon le contexte, manifeste l'étonnement, la surprise, l'interrogation

Le temps et les heures

As'teur	Aujourd'hui, maintenant (à cette heure). V'la comme c'est as'teur !
Au prom (Te v'la au prom)	Seulement (te voilà seulement)
Laisses (sonner les laisses)	Sonner le glas
Raideur	Vitesse, l'auto est passée d'une raideur
Rattelée	Début de l'après-midi, quand on réattelle les chevaux

Autres expressions

« Faire l'ouvrage », c'est le soin apporté aux bêtes matin et soir comme la traite, la nourriture, le nettoyage.

« Avoir la maladie » pour une plante ou un animal : On ne sait pas exactement de quoi il (elle) souffre, mais on sait bien que c'est grave. Pronostic vital très sombre.

« Aller à la botte », couper l'herbe fraiche qui nourrira les lapins

« *Donner la pièce* », donner une modique somme d'argent pour un service rendu, ou pour les étrennes. Evoque trop les temps de pénurie monétaire.

« *Faire des tours et des ratours* », faire des allers venues

« *I n'peut pu aye* » : il ne peut plus rien faire

« *I pleut à sieaux* » : il pleut à seaux

« *I n'peut qu'manque* » : il fera à coup sûr (il ne peut manquer de)

« *D'la s'cousse* » : en conséquence de quoi (d'la s'cousse il est parti)

« *Ch'ti là ou ch'ti lal là* » pour celui là

On emploie *'cor* pour encore :

La v'la 'cor pour la voilà encore

Les finales en ille deviennent î, de même que les sons ier : tablier devint tablî

Une vieille dame de Doumely se plaignait :

J'ai mal à ma ch'vî d'pî (j'ai mal à ma cheville de pied)

Le patois conjugue la troisième personne du pluriel au présent avec la finale ont, au lieu de ent, par exemple : *l'couront* pour Ils courent.

Autre conjugaison de l'auxiliaire avoir :

Yeu z'ont dit pour je leur ai dit

La négation est en *point*, par exemple :

« *I n'viendront point* » pour ils ne viendront pas

Quelques formes à la syntaxe approximative de la langue parlée, par exemple l'inversion du singulier-pluriel :

*Un chevau, u*n beu *(pour un bœuf) Ou l'infinitif mal formé comme cueiller pour cueillir*

Et enfin, cerise sur le gâteau l'incontournable et incomparable

« ça sent un goût » ça ne s'invente pas…

ANNEXE 5 Saint Berthauld, sa vie, son oeuvre
Tableau 1 Dans le palais du roi des Scots d'Irlande

Berthauld, le roi, la reine :

, Berthauld fait part à ses parents de sa volonté d'aller en Gaule convertir les païens.

Le Roi Théodulf: Berthauld m'a demandé une audience. Que me veut-il encore ? on dirait qu'il lui manque toujours quelque chose… Pourtant nous avons été des parents bienveillants. N'a-t' il pas reçu l'éducation d'un prince de ce pays ? N'ai-je pas accédé à sa demande de visiter les Lieux Saints en Palestine ? N'ai-je pas accepté qu'il déserte la salle d'armes pour fréquenter la chapelle du château ?

La reine Berthe : Nous avons fait tout cela, et bien d'autres choses encore, mais… Berthauld est différent… Il renonce à hériter des terres et du château, au profit de ses frères… Il préfère la blouse aux vêtements d'apparat… Il est fait ainsi… Mais attention, je l'entends venir.

Berthauld : Mes chers parents bonjour.

Le roi et la reine : Bienvenue mon cher fils.

Le roi : vous nous avez demandé audience ; qu'avez-vous à nous dire ?

Berthauld : Mes chers parents, j'ai hésité longtemps sur le chemin que je devais suivre.

Le roi : Nous t'avons vu plus souvent à la bibliothèque ou à l'église qu'à la chasse, comme tes frères.

Berthauld : J'ai prié… et le Seigneur m'a éclairé…je sais maintenant à quoi ma vie est destinée… Je ne suis fait, ni pour les batailles, ni pour les ors ni pour les sceptres, auxquels je renonce. Mes frères s'en occuperont. Je suis appelé en mon cœur pour proclamer la Parole de Vie.

Le roi : Tu veux être tondu ?

Je veux suivre l'exemple des saints qui vivent en ermites au fond des bois, amenant par leurs mérites la conversion des païens…

Le roi : au péril de leur vie !…

Berthauld : C'est le sort des missionnaires qui portent la Parole aux païens !

La reine : Mais, mon cher fils, de quoi vivras-tu ?

Berthauld : Dieu y pourvoira. Regardez les oiseaux, comme Dieu leur prodigue nourriture et abris. Ils n'ont pas besoin de labourer ni de semer, Dieu leur offre le vivre et le couvert sans qu'ils aient à s'en inquiéter.

Le roi : et où veux-tu porter la Parole ?

Berthauld : en Gaule !

La reine : ne crains-tu pas les idolâtres, qui tuent les prédicateurs ?

Berthauld : Rien ne saurait m'atteindre où le Seigneur me conduit.

Le roi : Va, puisqu'il en est ainsi, et accomplis ton destin… Accepte cependant la compagnie d'Amand, que voici, notre serviteur Gaulois, qui t'aidera car il parle aussi leur langue.

Amand entre et se présente.

Amand : je suis Amand et peux vous apporter aide dans toutes les parties du monde que je connais, car j'ai beaucoup voyagé en Gaule et en Germanie.

Berthauld : c'est bon, qu'il vienne aussi !

Le roi : Descendez au port, là, vous prendrez une barque. Hissez la voile et laissez-vous porter par les vents d'ouest vers la Grande Ile de Bretagne. Abordez à nos terres de Calédonie, prenez un guide pour traverser la Grande Ile et arriver aux falaises blanches... Puis traversez la mer pour gagner le Royaume des Francs... A la grâce de Dieu...

Berthauld : A la grâce de Dieu, mon père.

Le roi : Embrassons-nous, mon fils, nous ne nous reverrons plus en ce monde...

Le roi et Berthauld se donnent une longue accolade, puis Berthauld embrasse sa mère qui réprime un sanglot, s'éloigne et sort de scène avec Amand. Si possible, accompagnement par la chanson de Sardou « Mes chers parents je pars ».

Tableau 2 Dans le palais de l'évêque

Remi, Berthauld, Amand

Une voix off retrace- le contexte historique de la Gaule en cette fin du 5ème siècle.

Après la disparition de l'Empire Romain d'Occident, les Francs s'installent dans le nord de la Gaule. Le Christianisme est présent dans les villes, mais reste ignoré dans les campagnes. Le chef des Francs, le roi Clovis a une épouse Chrétienne, Clotilde. Lors d'une bataille contre les Alamans, à Tolbiac, qui tournait en sa défaveur, il invoque le Dieu de Clotilde, et jure de se convertir s'il obtient la victoire. Il fut victorieux et tint parole.

L'évêque de Reims, Remi, l'instruisit et le baptisa avec deux mille de ses guerriers le 25 décembre 496. Il prononça cette parole qui est restée célèbre « Courbe la tête, fier Sicambre, adore ce que tu as brûlé, brûle ce que tu as adoré ».

Remi a donc en tête d'amener au Christianisme les habitants des campagnes et des forêts de son propre diocèse, et pour cela cherche des missionnaires.

Remi : Ces Scots m'ont demandé une audience... Ils sont de noble lignée... J'affectionne beaucoup les Scots car ce sont de hardis navigateurs...des prédicateurs intrépides... En dépit des dangers, ce sont eux qui portent la Parole du Christ en Germanie...

On entend un serviteur annoncer : Messires Berthauld et Amand !...

Remi fait un signe

Remi : qu'ils entrent !

Les deux visiteurs entrent et s'inclinent devant l'évêque.

Remi : Bienvenue ... Vous avez fait un long voyage pour venir d'Irlande jusqu'ici !!...

Berthauld : nous avons traversé les mers dans une barque portée par les vents, nous avons essuyé le péril des tempêtes sur l'Océan furieux.

Amand : Nous avons cheminé longtemps, sans repos sur des routes inconnues, défoncées, sous la menace de brigands de toute espèce. Nous avons passé des nuits sans nombre à la Belle Etoile...

Berthauld : Mais Dieu, en qui nous avons mis notre confiance, nous est venu en aide, et nous a conduits sains et saufs jusqu'ici.

Remi : Les Romains sont partis, et tout est en désordre... Mais tout ne finit pas, tout commence...

Berthauld : Ce voyage par le Royaume des Francs n'a pas éprouvé notre Foi.

Remi : Aussi, je peux vous proposer une mission difficile en terre païenne. Dans le nord de mon diocèse, là où l'immense forêt se déploie jusqu'aux rives de l'Aisne, vivent des hommes dans l'ignorance de la Vraie Foi. Ils sont frustes et brutaux. Ils adorent des idoles cachées dans les sources et dans les arbres. Néanmoins, comme tous les hommes, ils doivent être sauvés par la Parole du Christ qu'il faut leur porter. C'est une mission dangereuse…. Serez-vous assez confiants pour l'accepter ?

Berthauld : Nous irons là où il plaira à Dieu de nous envoyer.

Amand : j'y consentirai aussi. Mais je connais les Francs, qui sont barbares et cruels. Comment avez-vous pu les amener à la Vraie Foi ?

Remi : Par la Patience. Ce sont des Chrétiens en devenir. Mais l'espace est immense entre leurs coutumes et les Evangiles. Ils ne comprennent pas certaines paroles du Christ. Leur Roi Clovis ne m'a-t'il pas déclaré un jour que je l'instruisais pour le Baptême « si j'avais été là avec mes soldats, nul n'aurait arrêté Jésus sur le Mont des Oliviers… ». La plupart, parmi les guerriers convertis, refusent d'amender leurs coutumes jusqu'à leurs derniers jours, assurés qu'ils sont d'être sauvés, puisque, selon l'Ecriture, le repentir à la dernière heure ouvre la Porte de la Vie Eternelle[1].

Berthauld : S'il plait à Dieu, nous enseignerons les païens, et ouvrirons la Voie du Seigneur.

Remi : Pour vous aider dans votre mission, je vous donne ce Lion, l' Evangile de Marc.

*Le Lion entre…*Ces parchemins retracent la vie du Christ, et nous transmettent sa Parole. Ne les oubliez jamais, ayez-les toujours avec vous. Ce Lion sera votre Epée et votre Bouclier, votre seule arme et votre seule protection, quand vous avancerez en pays païen.

_____

[1] Matthieu chap. 20

Berthauld : Ces parchemins enluminés sont magnifiques. J'en ai vu de semblables dans notre pays d'Irlande. Le Lion est particulièrement bien réussi...

Remi : c'est l'œuvre de nos moines. Quand ils ne prient pas, ils travaillent à recopier et orner les Evangiles.

Berthauld : quand devons-nous partir ?

Remi : dès que possible. Il y a tant d'âmes à sauver...

Berthauld et Amand s'inclinent devant l'évêque qui les bénit

Remi : Allez et que dieu bénisse votre entreprise

Berthauld et Amand quittent la scène avec le Lion.

Tableau 3 Sur le Mont Chauve

Berthauld, Amand et le Lion se sont installés dans des cabanes de branchages...

Berthauld : voilà le lieu que Dieu nous a donné pour demeure. Les gens de Château nous l'avaient montré quand nous avons passé l'Aisne.

Amand : C'était, disaient-ils, le Mont Chauve.

Berthauld : l'endroit où les païens du pays adoraient les idoles, un lieu désert et désolé où les diables se rassemblaient la nuit pour offenser Dieu.

Amand : On le voit de loin, car le sommet en est nu et blanchâtre, sans bois, alors que le sol est partout ailleurs couvert de forêt.

Berthauld : j'y fus bien aise d'y planter la Croix du Christ, après quatre lieues de marche dans les bois, seulement guidé par la Providence. Par les chaleurs, sans manger ni boire, nous fûmes assez heureux de trouver à une lieue d'ici une source d'eau fraîche pour boire et nous reposer.

Amand : et nous rendit force et courage pour arriver jusqu'en haut.

Berthauld : avec les branchages, il fut facile de construire un abri pour nous et le Lion, et de trouver la nourriture parmi les plantes sauvages

Amand : ce fut notre palais et notre église pour prier Dieu

Berthauld : depuis au moins trois lunes.

Un bruit croissant se fait entendre…

Berthauld : Amand, quel est ce tapage ?

Amand : je crois que l'on vient…

Des cris fusent ; une foule armée de bâtons escalade le Mont

La foule : dehors les étrangers ! dehors ! Allez-vous-en !

Le chef des assaillants s'adressant aux deux missionnaires : Quittez ces lieux que vous outragez ! C'est à nos Dieux. Vous les avez chassés. Depuis, ils ne nous protègent plus et nous infligent les pires calamités…

Une femme : les vaches ne donnent plus de lait…

Un homme : les mouches épuisent nos bêtes…

Un homme : le blé a versé…

Une femme : le seigle a germé en tas…

Un homme : le temps a pourri les récoltes, et les rats ont mangé les restes…

Une femme : ma fille a péri en couches, le bébé aussi…

Une femme : mon fils a perdu la tête et ne me connait plus…

La foule menaçante : dehors les étrangers ! A mort ! A mort !

Berthauld : nous ne faisons que prier ! où est l'outrage ?

Le chef des assaillants : que nous importe ! Nos dieux nous suffisent ! Ils nous ont toujours suffit !

Une femme : Tuez-les ! Ce sont des espions !

Le chef des assaillants : Partez ou je vous tue ! ...

Berthauld : Que Dieu ait pitié de vous !...

La tension est extrême... A ce moment, le Lion qui semblait étranger à la scène, se dresse et rugit formidablement

Le Lion : arrêtez, mécréants... Ne savez-vous pas que ces hommes ont été envoyés par votre évêque Remi, qui a instruit dans la religion nouvelle votre roi Clovis et des milliers de ses guerriers.

Craignez sa colère si vous touchez à un seul de leurs cheveux.

Sa rancune est implacable... Souvenez-vous du Vase de Soissons....

Retournez dans vos huttes, et priez Dieu qu'il vous pardonne.

Berthauld : Dieu fera pleuvoir sur vous les félicités célestes et toute peine sera oubliée. Ayez confiance, ces temps viendront...

Tableau 4 Les premières conversions
Berthauld, Amand, Olive et Libérette, le Lion

Libérette : Olive et moi sommes natives d'Hauteville, à deux lieues d'ici, filles du seigneur de ce pays. Nous avons entendu parler du bien que vous faisiez au peuple.

Olive : et nous voulons être instruites dans la religion nouvelle.

Berthauld : Hauteville, c'est bien loin et il faut traverser les bois. Comment faites-vous ?

Libérette : guidées par la Providence, nous traversons les bois épais pour arriver dans le vallon cultivé où coule une rivière. Là, il y a un saule qui se courbe pour nous aider à traverser. Le soir, nous reprenons le même chemin et le saule se courbe de nouveau pour nous laisser passer.

Olive : et quand nous arrivons au château, notre ouvrage est fait. La laine est filée, sans que nous ayons touché un fuseau.

Berthauld : ainsi donc, vous pourrez entendre la Parole de Vie. Mais pensez à vous établir au plus près de notre communauté.

Amand : qui grandit de jour en jour !

Tableau 5, la séparation d'Olive et Libérette

Berthauld, Amand, Libérette, le Lion

Amand : Tiens, voilà Libérette qui monte jusqu'ici. Mais, on dirait qu'elle est seule...

Mais oui, sa sœur Olive n'est pas là.

Le Lion : si quelqu'un lui a fait du mal, je le dévore tout cru.

Libérette : Bonjour. Je viens recevoir l'instruction de la Bonne Nouvelle de la bouche de Berthauld car je veux être Chrétienne.

Berthauld : C'est entendu, mais qu'est devenue ta sœur Olive ?

Libérette : elle est restée de l'autre côté de la rivière, car la rivière est fort grossie par les pluies.

Berthauld : ne viendra-t-elle pas demain ?

Libérette : non, ni demain, ni un autre jour car le saule ne se penche plus pour qu'elle traverse la rivière.

Amand : suivra-t-elle un autre chemin ?

Libérette : elle m'a dit vouloir s'établir dans une cabane près de la source que les impies croient habitée par les nymphes, et y faire son salut.

Berthauld : Que s'est-il donc passé sur l'autre rive.

Libérette : quand il fallut traverser la rivière en crue, je n'hésitai pas. Je pris un échalas dans les vignes alentour et m'avançai dans l'eau. Le saule se pencha et je pus passer.

Olive était pleine de peurs et de doutes. Elle me regardait sur l'autre rive. Elle finit par prendre aussi un bâton et s'avança dans l'eau. Mais le courant emporta l'échalas et le brisa comme un fétu de paille. Je la vis alors pleurer. Puis je m'éloignai car je dois accomplir mon destin. Et notre destin est d'être séparées.

Le Lion (gémissant car la fin est triste) : Où irez-vous maintenant ?

Libérette (émue) : Je vivrai dans la cabane que je construirai près de l'autre source, là où les païens adorent les idoles. Leurs eaux sont propres à soigner les fièvres, et la foi les rendra miraculeuses. J'y attendrai en prières de gagner le Ciel.

Berthauld : Bientôt tu seras Chrétienne, et toutes tes peines seront effacées…

Amand, le Lion : Amen

Epilogue

Berthauld s'endormit le 15 juin 516 plein de félicités et de bonnes œuvres. Son corps fut enterré par son fidèle ami Amand et le Lion qui continuèrent son œuvre de conversion des païens.

Sa postérité fut nombreuse. Après sa mort, des ermites vinrent s'installer dans des cabanes sur le Mont, auxquels succédèrent après l'an mille une première église confiée aux chanoines de Saint Augustin, puis une abbaye confiée à l'Ordre des Prémontrés construite sur le Mont, déplacée après les guerres de Religion à Remaucourt, au lieudit « La Piscine », où, selon la tradition, Berthauld se reposa quand il gagna Le Mont. L'abbaye fut vendue à la Révolution comme Bien National et détruite. La charrue passa sur les ruines et il n'en resta rien. Après la guerre de 1870, Isidore Fressancourt érigea sur le Mont la chapelle que l'on connaît aujourd'hui.

Chaque lundi de Pentecôte, on se rend toujours en pèlerinage à la chapelle Sainte Olive, où l'eau de la source est toujours fraîche et agréable à boire. Est-elle bonne pour guérir les fièvres ? On ne saurait dire, mais en tous cas, tout autant qu'au cinquième siècle.

Mais le plus grand miracle de Berthauld est d'avoir donné sa vie en exemple, exemple qui est toujours vivant quinze siècles après sa mort, et qu'on peut toujours suivre dans les bons et les mauvais jours. Car, à Chaumont, on se tourne encore à tout moment de la vie vers le Mont où Berthauld et ses compagnons ont vécu leur foi jusqu'à la mort.

ANNEXE 6 La poésie du bocage

Nuit enneigée

A la lueur du feu qui réchauffe la chambre
De sa flamme adoucie, mettant des reflets d'ambre
Aux meubles d'acajou, au chêne patiné
Au banc et à l'armoire près de la cheminée,

J'appuie un front pesant aux bois de la croisée.
Les vitres sont glacées ; du givre s'est posé
Au creux des encoignures où reste la vapeur
Des respirations de la vieille demeure.

Dehors la neige épaisse a partout recouvert
Les herbes desséchées, le sol froid de l'hiver.
Les troncs, les haies, les pierres et les feuilles fanées
Qui craquent sous les pas quand sèche est la journée.

La lune est ronde et jaune, immobile en les cieux
Dardant des rayons pâles sur les toits silencieux
Qui moussent de cristaux suspendus dans les airs
Myriades de points blancs scintillant des éclairs.

C'est une nuit pareille à ces nuits de Noël
Qu'on voit sur les gravures, merveilleuses, irréelles.
Rien ne manque au tableau, si ce n'est un chemin
Avec deux beaux enfants se tenant par la main.

Destin de paysan

Qui voudrait devenir paysan ?
Avoir la peau tannée par la pluie et le vent
Le teint hâlé, les mains calleuses
Grossies et déformées, des mains bien travailleuses

Car la besogne est rude, la tâche est étendue.
L'ouvrage est quotidien pour l'éleveur perdu
De dettes et de charges, s'activant sans répit
Le jour soignant ses bêtes, et dormant peu la nuit.

Et quand il sera vieux et du travail usé
Il marchera cassé, ses reins seront brisés
Pour avoir trop gratté l'ingrate terre crue
Ou d'avoir trop marché derrière la charrue

Au soir il s'assoira sous le chaud soleil blanc
A regarder jouer ses beaux petits enfants.
Sa laborieuse vie sera bientôt remplie,
Et il pourra mourir sans regret dans son lit.

Un chemin creux

Promenade dans le bocage

Les sentiers du bocage sont frais l'été et pleins d'arômes. Les oiseaux y gazouillent en multitude…

A la croisée des deux sentiers
Le promeneur s'arrêtera
Et secouera ses noirs souliers
Pleins de poussières et de sol gras

Puis d'un regard fera le tour
Des collines, des bois chenus
Aux chemins perdus de détours
Bordés d'arbres aux branches nues

Il prendra le chemin de gauche
Sous un talus tout recouvert
De buissons, d'herbes que l'on fauche
De temps en temps, les longs hivers

Des rouges gorges chantent et sautillent
Passent devant et se reposent
Sur une épine, une brindille

Rentrent la tête en une pose

Où ils ont l'air tout endormis
Il prendra garde aux ornières
Remplies de boue où l'eau gémit
Servant en mars d'humbles frayères.

En pénétrant dans la forêt
Tout devient noir ou vert de mousse
Propice aux songes et aux secrets
Des amoureux aux âmes douces

On peut alors lever la tête
Vers les sommets des larges frênes
Le soleil brille par les coupettes
Va cascader comme une traine
-
Il traverse les frondaisons
Pour se poser sur les orties
Et d'autres fleurs de la saison
Qui ne sont pas encore flétries

Vous irez sur les bas-côtés
Pour éviter les flaques d'eau
Vous penserez : « je suis crotté
Transi et mouillé jusqu'aux os

Mais pourtant ma tête bourdonne
De joyeux, d'incessants refrains

Que dans le vent frais l'on fredonne

Sans y penser sur le chemin

Postface

Chaque lundi de Pentecôte, messe dans les pâtures...

FIGURE 42 - PELERINAGE DE SAINTE OLIVE

FIGURE 43 - CHATEAU DE DOUMELY

Figure 1 - Vue de Chaumont depuis le Siroty *5*

Figure 2 - Situation du Pays Porcien *6*

Figure 1a - Environnement géographique *10*

Figure 2a - Environnement géographique agrandi *10*

Figure 3 – Adon *11*

Graphique 1 - Evolution de la population de 1962 à 2012 .... *14*

Graphique 2 – Composantes du taux de variation de la population *15*

Figure 4 - Les fonds d'Adon et les Monts de Sery depuis Saint Berthauld *18*

Figure 51 -Le bocage de la vallée de la Malacquise vu des côtes de La Hardoye *19*

Figure 5 - Inondation du Jarin en hiver *21*

Figure 6 - La Place à Lys *21*

Figure 12 - Chevreuil *28*

Figure 13 – Sanglier *29*

Figure 14 – Renard roux en phase de mulotage *30*

©Matthieu Godbout, GNU FDL Version 1.2 .... *30*

Figure 15 – Fouine en hiver *31*

*© Bohus Cicel, GNU **FDL** Version 1.2.* *31*

Figure 16 – Blaireaux *31*

Figure 17 - Mésange Charbonnière *32*

Figure 18 - Pipistrelle *33*

Figure 19 - La plus ancienne maison de Chaumont datant de 1760 restaurée par M. Bailly *35*

Figure 21 - Bâtiments à pans de bois *43*

Figure 22 - Pommier à cidre *45*

Figure 23 - Le pressoir *48*

Figure 24 - Chapelle de Saint Berthauld *53*

Figure 29 - Adon en 1607 d'après A. de Montigny pour Charles III de Croÿ *68*

Figure 31 - Eglise fortifiée de Rocquigny *82*

Figure 38 - 1940 De Gaulle et Paul Reynaud *99*

Figure 39 - Le tracé du GR122 .... *108*

Figure 40 - La halle de Wasigny *111*

Figure 41 - Eglise fortifiée de Fraillicourt *111*

.... *111*

Figure 42 - Pèlerinage de Sainte Olive *145*

Figure 43 - Château de Doumely *145*

Croquis 1 - Coupe ouest-est montrant un profil de côte 17
Croquis 2 – Constructions du Porcien 36
Croquis 2a - Façade de maison traditionnelle 40
Croquis 3 - Détail de mur avec potilles et palançons 41
Croquis 5 - Les matériels pour le cidre 50
Croquis 6 - La motte et la cave 52
Croquis 7 - Le chemin des Romains 72
Croquis 8 - Le Mont de Châtillon 72

Remerciements à Jean-Luc Guillaume, Jean-Marc Millart, Sylvain Ledieu pour leurs contributions

©Noël Pampagnin
Edition leekar 27 bis rue Vautier 94340 Joinville le Pont
Impression : BoD – Books on Demand, Allemagne
ISBN : 978-2-9539-1632-4
Depot legal : août 2018